QUÍMICA

QUÍMICA

50 conceitos e princípios fundamentais explicados de forma clara e rápida

Editor
Nivaldo Tro

Colaboradores
Ali O. Sezer
Glen E. Rodgers
James Tour
Jeff C. Bryan
John B. Vincent
Nivaldo Tro
Stephen Contakes

Ilustrações
Steve Rawlings

PUBLIFOLHA

The Quarto Group
Creatively Independent

Título original: *30-Second Chemistry*

Publicado originalmente no Reino Unido em 2017 pela Ivy Press Limited, um selo editorial da Quarto Publishing plc., Ovest House, 58 West Street, BN1 2RA, Brighton, Inglaterra.

Coordenação do projeto Publifolha
Editora-assistente Fabiana Grazioli Medina
Coordenadora de produção gráfica Mariana Metidieri

Produção editorial Página Viva
Edição Tácia Soares
Tradução Luis Reyes Gil
Revisão Geuid Dib Jardim
Consultoria Sergio Luis Graciano Petroni (doutor em química, membro do Instituto de Aeronáutica e Espaço, subordinado ao Departamento de Ciência e Tecnologia Aeroespacial)

Edição original Ivy Press
Diretor de criação Michael Whitehead
Publisher Susan Kelly
Diretor editorial Tom Kitch
Editora adjunta Stephanie Evans
Designer Ginny Zeal
Ilustrações Steve Rawlings
Editores do projeto Jamie Pumfrey, Joanna Bentley
Editor convidado Nivaldo Tro
Colaboradores Ali O. Sezer, Glen E. Rodgers, James Tour, Jeff C. Bryan, John B. Vincent, Nivaldo Tro, Stephen Contakes

Dados Internacionais de Catalogação na Publicação (CIP)
(Câmara Brasileira do Livro, SP, Brasil)

Química : 50 conceitos e princípios fundamentais explicados de forma clara e rápida / editor Nivaldo Tro ; ilustrações Steve Rawlings ; [tradução Luis Reyes Gil]. -- São Paulo : Publifolha, 2018. -- (50 conceitos)

Vários colaboradores.
Título original: 30-Second Chemistry.
Bibliografia.
ISBN 978-85-94111-14-2

1. Química 2. Química - Obras populares I. Tro, Nivaldo. II. Rawlings, Steve. III. Série.

18-14288 CDD-540

Índices para catálogo sistemático:
1. Química 540

Este livro segue as regras do Acordo Ortográfico da Língua Portuguesa (1990), em vigor desde 1º de janeiro de 2009.

Impresso na China.

PUBLIFOLHA
Divisão de Publicações do Grupo Folha
Al. Barão de Limeira, 401, 6º andar
CEP 01202-900, São Paulo, SP
www.publifolha.com.br

SUMÁRIO

6 Introdução

10 Átomos, moléculas e compostos
12 GLOSSÁRIO
14 A matéria é feita de partículas
16 A estrutura do átomo
18 Dentro do átomo
20 De onde provêm os átomos?
22 A natureza dual do elétron
24 Onde ficam os elétrons dentro do átomo
26 Padrões periódicos
28 Ligações entre os átomos
30 **Perfil: John Dalton**
32 O Modelo de Lewis para ligações químicas
34 Teorias da ligação de valência e do orbital molecular
36 Moléculas polares e apolares

38 Estados da matéria
40 GLOSSÁRIO
42 As forças que mantêm a matéria coesa
44 Estado gasoso
46 Estado líquido
48 Estado sólido
50 **Perfil: Robert Boyle**
52 Cerâmica
54 Soluções

56 Reações químicas e energia
58 GLOSSÁRIO
60 Equações químicas
62 Reações de combustão e fontes de energia
64 Neutralização: ácidos e bases
66 Criação de sólidos: reações de precipitação
68 Uso da química para gerar eletricidade
70 Taxas de reação e cinética química
72 **Perfil: Humphry Davy**
74 Energia e a Primeira Lei da Termodinâmica
76 Entropia e a Segunda Lei da Termodinâmica
78 Entropia e a Terceira Lei da Termodinâmica
80 Entropia e processos espontâneos

82 Química inorgânica
84 GLOSSÁRIO
86 O Princípio da Singularidade
88 Cor
90 Química de clusters
92 Catalisadores de metais de transição
94 **Perfil: Mario J. Molina**
96 Carbono: Não é só para lápis
98 Nanotecnologia

100 Química orgânica
102 GLOSSÁRIO
104 Química orgânica e vitalismo
106 Hidrocarbonetos
108 Álcoois
110 Aldeídos, cetonas e ésteres
112 Ácidos carboxílicos e aminas
114 **Perfil: Friedrich Wöhler**
116 A química copia a natureza
118 Polímeros

120 Bioquímica
122 GLOSSÁRIO
124 Carboidratos
126 Lipídios
128 Aminoácidos e proteínas
130 **Perfil: Anna J. Harrison**
132 Mapa biológico: ácidos nucleicos
134 Síntese de medicamentos biotecnológicos

136 Química nuclear
138 GLOSSÁRIO
140 Radiatividade
142 A divisão do átomo
144 Perda de peso nuclear
146 O efeito da radiação sobre a vida
148 **Perfil: Otto Hahn**
150 Medicina nuclear

152 Apêndices
154 Fontes de informação
156 Sobre os colaboradores
158 Índice
160 Agradecimentos

INTRODUÇÃO

Nivaldo Tro

A ideia central da química é que *o todo pode ser explicado por suas partes*. As propriedades da matéria podem ser explicadas pelas partes que a compõem. Compreenda as partes e compreenderá o todo. Filósofos chamam essa ideia de reducionismo. Nem sempre o reducionismo foi popular na história do pensamento, nem está claro se é universalmente válido. Mas o impressionante sucesso atual da química em explicar o comportamento da matéria – mesmo da matéria viva – sugere que o reducionismo é no mínimo uma ideia útil e poderosa.

As "partes" da química são os átomos, os íons e as moléculas. Embora a ideia de que a matéria tem "partes" fundamentais seja bem antiga – foi sugerida há mais de 2 mil anos –, sua ampla aceitação é bastante recente, remonta a cerca de 200 anos atrás. Antes disso, a maioria dos pensadores via a matéria como contínua, desprovida de partes menores. O advento da revolução científica no século XVI levou os pensadores a estabelecer uma correlação mais cuidadosa entre suas ideias sobre a natureza e as mensurações empíricas. Como as mensurações empíricas davam sustentação ao modelo particulado, o modelo contínuo foi descartado.

A química nos ajuda a compreender que nós – e todas as coisas a nosso redor – somos compostos por partículas.

Depois que o modelo particulado foi aceito, a partir do século XIX, o progresso foi relativamente rápido. Os cientistas começaram a compreender a estrutura das partículas básicas que compõem a matéria, e por volta do início até meados do século XX os químicos tinham bons modelos para explicar como os átomos se ligam para formar moléculas e como as estruturas de átomos e moléculas afetam as propriedades das substâncias que eles compõem. Na realidade, em toda a química, a relação entre estrutura e propriedades é um tema unificador essencial.

Um segundo tema unificador da química é a progressão do simples para o complexo. Na natureza, partículas simples, ao serem combinadas de maneiras um pouco diferentes, podem criar uma grande complexidade. Assim como as 26 letras de nosso alfabeto são organizadas de diferentes maneiras na composição de muitas palavras, e essas palavras podem ser agrupadas para formar um número ainda maior de ideias intrincadas, os 91 elementos que constituem a matéria combinam-se para formar muitos compostos, e esses compostos reunidos formam um número ainda maior de substâncias complexas, incluindo todas as coisas vivas.

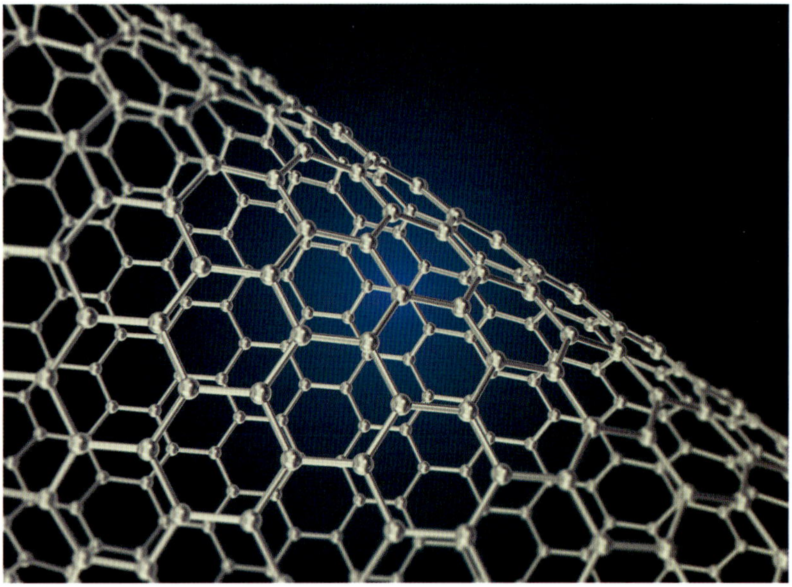

O grafeno é um material novo, com base de carbono e espessura de apenas um átomo, mas mais forte que o aço.

Até onde a química pode ir em suas explicações? Na realidade, ainda não sabemos. A química explica como um gás se comporta, mas consegue dizer como funciona o cérebro humano? A segunda metade do século XX viu essa área se desenvolver dentro da biologia com tremendo sucesso. Conhecemos agora detalhes da estrutura de moléculas complexas no cerne da vida e como essas estruturas afetam muitos atributos dos seres vivos. Temos sido capazes de construir moléculas sob medida para o combate de doenças e até de mudar as moléculas da hereditariedade (DNA) em organismos vivos para alterar algumas de suas características. O século XXI trouxe novos desafios e novas direções. Numa das frentes, cientistas estão usando ideias da química para explicar fenômenos ainda mais complexos, como a consciência humana. Em outra linha, cientistas utilizam a química para construir estruturas e máquinas ainda menores, átomo por átomo. Algum dia teremos submarinos moleculares navegando a corrente sanguínea para combater a invasão de células cancerígenas ou vírus. Em outra abordagem, ainda, cientistas vêm criando materiais novos como o grafeno, uma substância bidimensional com apenas um átomo de espessura e mais forte que o aço. Parece que, pelo menos no futuro previsível, o poder do modelo particulado da matéria para explicar seu comportamento e criar novas tecnologias permanecerá.

Como este livro funciona

Neste livro, apresentamos os 50 conceitos mais importantes da química. Cada tópico é dividido em várias partes: o texto principal; a seção **Núcleo**, que traz a ideia expressa numa única frase; e a **Ligações químicas**, que mostra como a ideia se encaixa num contexto maior ou como é aplicada a diferentes circunstâncias. O livro começa com os **átomos**, suas estruturas e propriedades. Depois aborda como os átomos se ligam para formar **compostos** e como podemos entender as ligações e as **moléculas** resultantes. Daí passa para os **estados da matéria** (gases, líquidos e sólidos) e em seguida para as **reações químicas**. Examina então as **energias** e descreve as leis que governam o fluxo de energia. Por fim, trata dos quatro subcampos da química: a **química inorgânica**, a **química orgânica**, a **bioquímica** e a **química nuclear**. Nossa meta nesse percurso não é prover relatos exaustivos ou detalhados da química, e sim apresentar uma visão geral com o que cada campo tem de mais interessante – mostrar que, por trás de tudo o que ocorre à sua volta e dentro de você, partículas estão fazendo uma complexa e bonita dança que torna tudo possível.

A posição dos elétrons no interior do átomo é crucial para que possamos entender como os átomos se ligam.

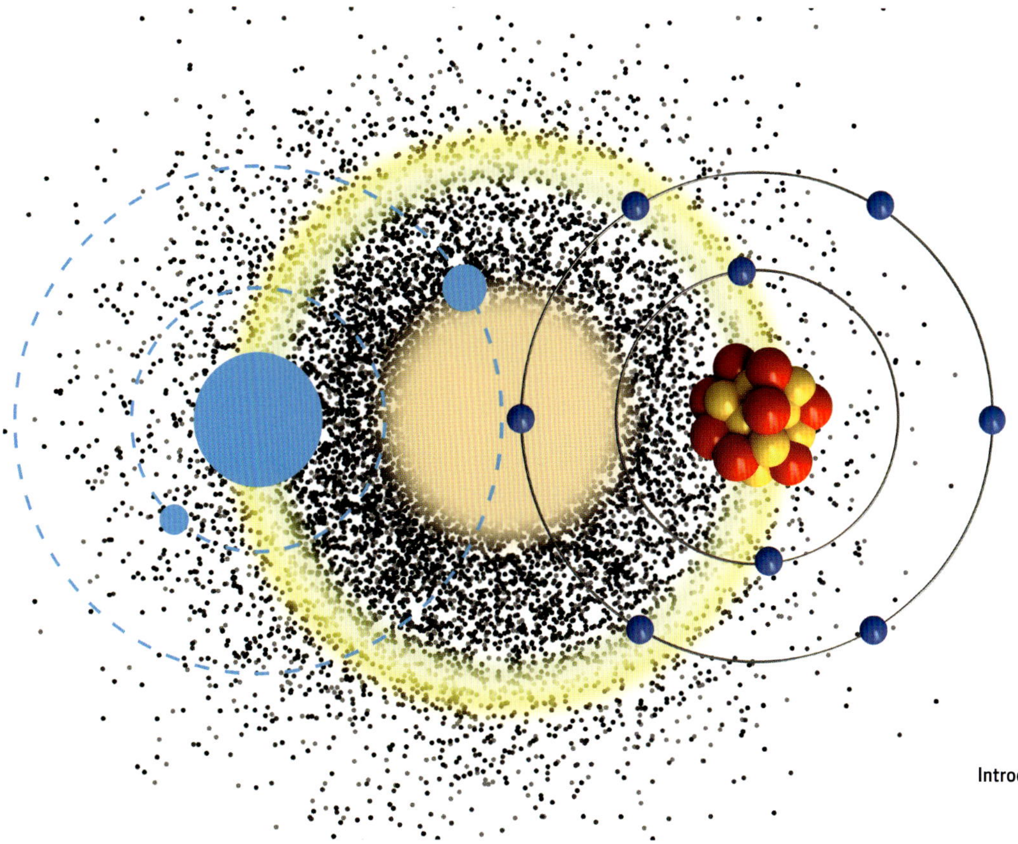

ÁTOMOS, MOLÉCULAS E COMPOSTOS

ÁTOMOS, MOLÉCULAS E COMPOSTOS
GLOSSÁRIO

composto iônico Composto, em geral de um metal e um ou mais não metais, que contém átomos unidos por ligações iônicas.

composto molecular Composto, em geral de dois ou mais não metais, que contém átomos unidos por ligações covalentes.

elemento Substância fundamental que não pode ser dividida em substâncias mais simples. Existem 91 elementos que ocorrem naturalmente.

elétron Partícula subatômica com carga negativa e massa de 0,00055 u (unidade de massa atômica).

elétrons de valência Elétrons com mais alta energia (e, portanto, os mais importantes para as ligações) em um átomo.

física clássica A física antes do advento da mecânica quântica.

fusão nuclear União de dois núcleos mais leves para formar um mais pesado.

gases nobres A coluna dos gases (grupo 8A) no extremo direito da tabela periódica, que inclui hélio, neônio, argônio, criptônio, xenônio e radônio.

Gato de Schrödinger Experimento mental que parte da aplicação do princípio da incerteza a um gato dentro de uma caixa com substância radiativa com 50% de probabilidade de se desintegrar. Se o átomo se desintegrar, o gato morre. Portanto, o gato está num estado peculiar de vivo-morto, isto é, ao mesmo tempo morto e vivo, com 50% de probabilidade para cada condição. Schrödinger usou o experimento para mostrar que as ideias da mecânica quântica não são aplicáveis a objetos de grande escala (como gatos).

isótopo Um átomo que tem o mesmo número de prótons que outro, mas número de nêutrons diferente.

ligação covalente Ligação de átomos por compartilhamento de um ou mais elétrons.

ligação iônica Ligação entre dois átomos quando um de seus elétrons é transferido para o outro.

mecânica quântica Terreno da física desenvolvido no início do século XX que lida com as menores partículas existentes.

metais alcalinos A coluna dos metais (grupo 1A) na extrema esquerda da tabela periódica, que inclui lítio, sódio, potássio, rubídio, césio e frâncio.

modelo nuclear Modelo para o átomo no qual a maior parte de sua massa está contida num pequeno núcleo denso, composto por prótons e nêutrons. A maior parte do volume do átomo é ocupada pela nuvem de elétrons.

nêutron Partícula subatômica sem carga e com massa de 1 u.

nucleossíntese Processo pelo qual os elementos se formam dentro das estrelas.

número atômico Número atribuído a cada elemento, correspondente ao número de prótons em seu núcleo.

número de massa A soma do número de prótons e nêutrons de um átomo.

Princípio da Incerteza de Heisenberg Princípio da mecânica quântica segundo o qual certas quantidades, como posição e momento, não podem ser especificadas simultaneamente com precisão arbitrária.

próton Partícula subatômica com carga positiva e massa de 1 u.

teoria atômica A ideia de que toda a matéria é composta por minúsculas partículas chamadas átomos.

velocidade Medida da rapidez (e da direção) segundo a qual um objeto se move.

A MATÉRIA É FEITA DE PARTÍCULAS

NÚCLEO
A matéria é composta por partículas. A natureza das partículas – em especial sua estrutura – determina as propriedades da matéria.

LIGAÇÕES QUÍMICAS
Os humanos especulam sobre a composição fundamental da matéria há 2.500 anos. A questão básica é: se você divide uma amostra de matéria em frações cada vez menores, poderá fazer isso infinitamente ou acabará chegando a partículas fundamentais que não sejam mais divisíveis? Durante grande parte da história da civilização, os humanos deram a resposta errada a essa questão.

Os antigos filósofos gregos acreditavam que a matéria era infinitamente divisível – que não tinha partículas fundamentais. Pensadores posteriores mantiveram essa crença por mais de 2 mil anos. Apenas nos séculos XVIII e XIX os primeiros químicos usaram medições cuidadosas – basicamente o peso relativo de amostras de matéria relacionadas – para determinar que não era assim. E só no início do século XX é que a questão foi definitivamente equacionada: o Prêmio Nobel de Física de 1926 foi outorgado a Jean Perrin por tê-la resolvido. Os gregos estavam equivocados – a matéria é particulada (composta por partículas), e tais partículas são chamadas átomos. Essa ideia se revelou uma das mais importantes de todo o pensamento humano. Por quê? Porque a ideia de que a matéria é feita de partículas nos permitiu compreender a natureza de baixo para cima. Descobrimos algo notável: pelo que podemos determinar, as partículas que compõem a matéria – sua composição e estrutura – determinam as propriedades da matéria. A matéria faz o que as partículas que a compõem fazem. A água ferve a 100°C porque os três átomos que compõem uma molécula de água ligam-se segundo certa ordem, em certo ângulo e a certas distâncias. Se mudássemos qualquer dessas características, a água seria uma substância diferente.

TEMAS RELACIONADOS
A ESTRUTURA DO ÁTOMO
p. 16

DENTRO DO ÁTOMO
p. 18

DE ONDE PROVÊM OS ÁTOMOS?
p. 20

DADOS BIOGRÁFICOS
JOHN DALTON
1766-1844
Químico inglês que concebeu a teoria atômica da matéria

JEAN PERRIN
1870-1942
Médico francês que estudou o movimento de pequenas partículas suspensas em líquido para definir experimentalmente a questão da natureza particulada da matéria

Textos por Nivaldo Tro

Jean Perrin ganhou o Prêmio Nobel essencialmente por provar a existência de átomos.

A ESTRUTURA DO ÁTOMO

Em 1897, J. J. Thomson descobriu um novo tipo de partícula – o elétron – que era muito menor que o próprio átomo. Thomson demonstrou que os elétrons tinham carga negativa, que estavam presentes em todos os tipos de matéria e que sua massa era 1/2.000 da massa do átomo mais leve. Sua descoberta implicava que o próprio átomo era composto de partículas ainda menores. Com base nisso, ele desenvolveu um modelo para o átomo chamado de "modelo do pudim de passas", segundo o qual até os átomos mais leves eram compostos por milhares de elétrons mantidos numa esfera de carga positiva. Em 1909, Ernest Rutherford (foto) quis comprovar o modelo de Thomson, mas acabou revelando-o errado. Rutherford acelerou partículas (de massa 8 mil vezes maior que a dos elétrons) contra uma fina folha de átomos de ouro. A maioria dessas partículas atravessou os átomos de ouro, mas algumas foram refletidas. Rutherford afirmou que seus resultados eram "quase tão inacreditáveis como se você disparasse uma bala de 38 cm numa folha de papel e ela voltasse e o atingisse". Rutherford desenvolveu um novo modelo para o átomo – o modelo nuclear –, no qual a massa de um átomo se concentra num pequeno espaço chamado núcleo. A maior parte do volume do átomo é constituída por espaço vazio.

NÚCLEO
Um átomo consiste em um pequeno núcleo – contendo prótons e nêutrons – com elétrons dispostos numa nuvem difusa em volta do núcleo.

LIGAÇÕES QUÍMICAS
A matéria é particulada – é feita de partículas. Mas como são essas partículas? Qual é sua estrutura? Os modelos mais antigos deixavam implícito que a distribuição de matéria dentro do átomo era bastante uniforme, mas experimentos posteriores sugeriram que o átomo é quase todo formado por espaço vazio, com praticamente toda a sua massa contida num pequeno espaço chamado núcleo.

TEMAS RELACIONADOS

DENTRO DO ÁTOMO
p. 18

DE ONDE PROVÊM OS ÁTOMOS?
p. 20

A NATUREZA DUAL DO ELÉTRON
p. 22

DADOS BIOGRÁFICOS

J. J. THOMSON
1856-1940
Físico inglês que descobriu o elétron

ERNEST RUTHERFORD
1871-1937
Físico neozelandês cujo famoso experimento da folha de ouro estabeleceu o modelo nuclear do átomo

Textos por Nivaldo Tro

O átomo nuclear, com o núcleo aumentado para ser visível. Desenhado na escala real, o núcleo seria um pontinho imperceptível.

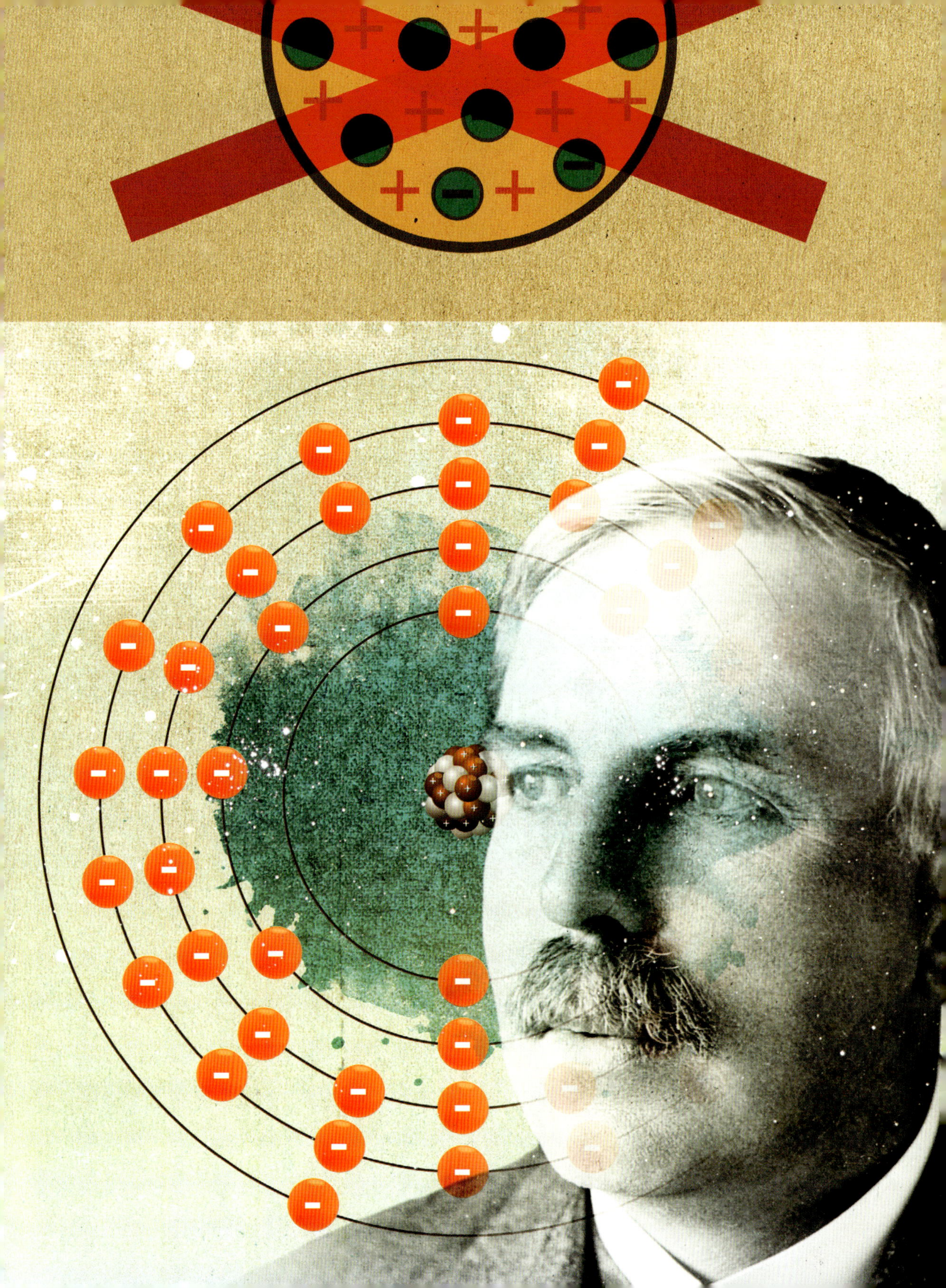

DENTRO DO ÁTOMO

NÚCLEO
Um átomo é composto por prótons, nêutrons e elétrons. O número de elétrons num átomo neutro é sempre igual ao número de prótons de seu núcleo.

LIGAÇÕES QUÍMICAS
Todos os átomos são compostos pelas mesmas três partículas subatômicas: prótons, nêutrons e elétrons (ver tabela abaixo). Assim, o que torna um átomo diferente do outro? O número dessas partículas. Por incrível que pareça, tanto o sódio (um metal reativo que explode na água) quanto o hélio (um gás inerte que não reage com nada) são feitos das mesmas partículas subatômicas, só que em número diferente.

O número de prótons no núcleo de um átomo é chamado de número atômico (Z) e determina a identidade do átomo e do elemento correspondente. Por exemplo, o hélio (Z=2) tem dois prótons em seu núcleo, e o sódio (Z=11), onze. O número de elementos conhecidos varia de Z=1 a Z=118 – como mostrado na tabela periódica da página ao lado. Cada elemento tem um nome, um símbolo e um número atômico exclusivo. O número de nêutrons no núcleo de um átomo pode variar em átomos do mesmo elemento. Por exemplo, a maioria dos átomos de hélio tem dois nêutrons, mas alguns possuem três. Átomos com o mesmo número de prótons e número diferente de nêutrons são chamados de isótopos. Como a maior parte da massa de um átomo é composta por seus prótons e nêutrons, a soma do número dessas duas partículas é chamada de número de massa (A). Os cientistas especificam isótopos com a seguinte notação: $^{A}_{Z}X$, onde X é o símbolo químico, Z é o número atômico, e A, o número de massa. Por exemplo, o isótopo do hélio com 2 nêutrons é representado por $^{4}_{2}He$.

Partículas subatômicas

	Massa (u)	Carga (relativa)
Próton	1,0	+1
Nêutron	1,0	0
Elétron	0,00055	-1

TEMAS RELACIONADOS
DE ONDE PROVÊM OS ÁTOMOS?
p. 20

PADRÕES PERIÓDICOS
p. 26

RADIATIVIDADE
p. 140

DADOS BIOGRÁFICOS
JAMES CHADWICK
1891-1974
Físico inglês que descobriu o nêutron

Textos por Nivaldo Tro

A tabela periódica lista 118 elementos conhecidos (91 de ocorrência natural e 27 sintéticos) de acordo com seu número atômico (no canto esquerdo superior de cada quadrado).

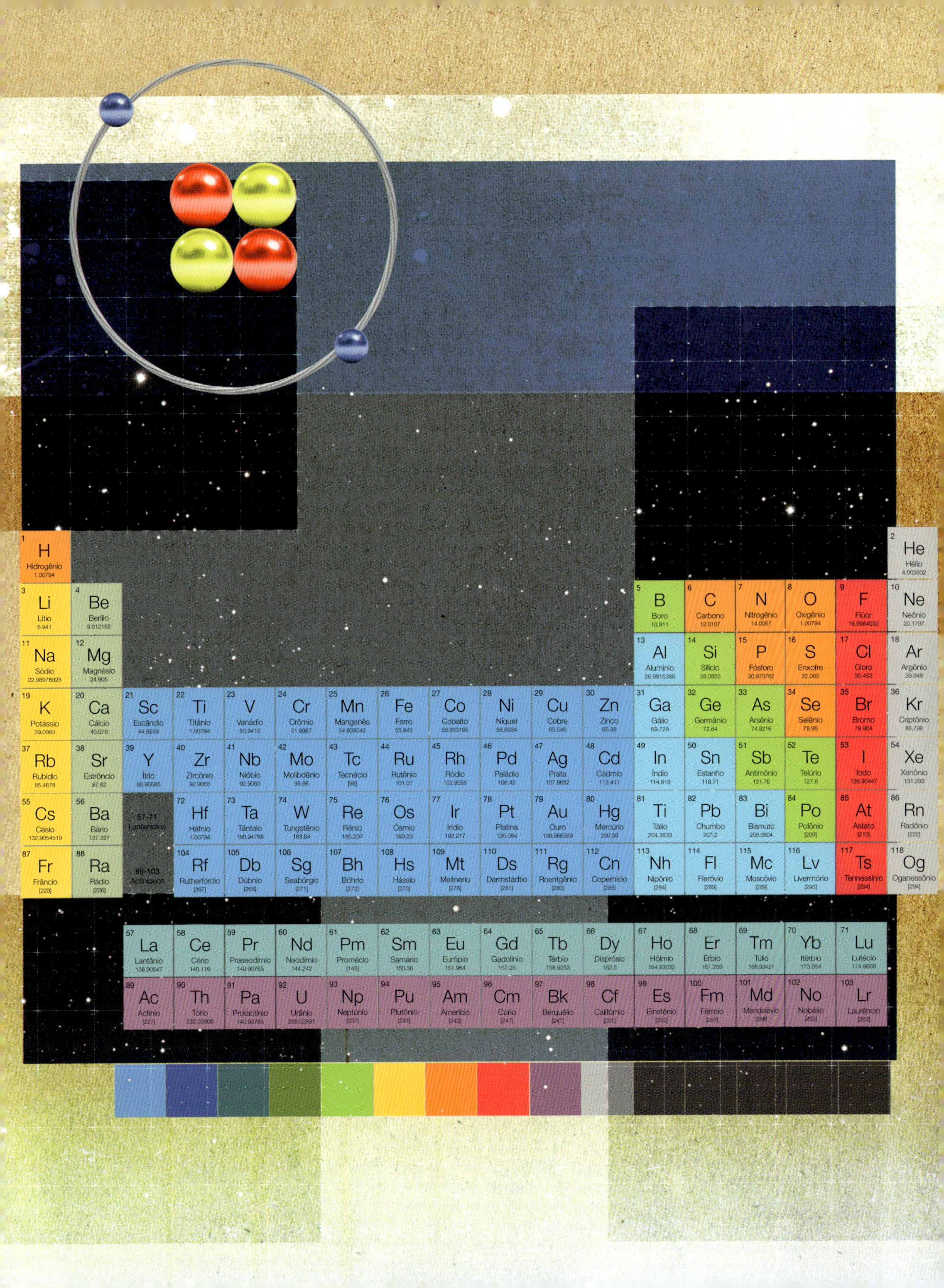

1 H Hidrogênio
2 He Hélio
3 Li Lítio
4 Be Berílio
5 B Boro
6 C Carbono
7 N Nitrogênio
8 O Oxigênio
9 F Flúor
10 Ne Neônio
11 Na Sódio
12 Mg Magnésio
13 Al Alumínio
14 Si Silício
15 P Fósforo
16 S Enxofre
17 Cl Cloro
18 Ar Argônio
19 K Potássio
20 Ca Cálcio
21 Sc Escândio
22 Ti Titânio
23 V Vanádio
24 Cr Crômio
25 Mn Manganês
26 Fe Ferro
27 Co Cobalto
28 Ni Níquel
29 Cu Cobre
30 Zn Zinco
31 Ga Gálio
32 Ge Germânio
33 As Arsênio
34 Se Selênio
35 Br Bromo
36 Kr Criptônio
37 Rb Rubídio
38 Sr Estrôncio
39 Y Ítrio
40 Zr Zircônio
41 Nb Nióbio
42 Mo Molibdênio
43 Tc Tecnécio
44 Ru Rutênio
45 Rh Ródio
46 Pd Paládio
47 Ag Prata
48 Cd Cádmio
49 In Índio
50 Sn Estanho
51 Sb Antimônio
52 Te Telúrio
53 I Iodo
54 Xe Xenônio
55 Cs Césio
56 Ba Bário
57-71 Lantanídios
72 Hf Háfnio
73 Ta Tântalo
74 W Tungstênio
75 Re Rênio
76 Os Ósmio
77 Ir Irídio
78 Pt Platina
79 Au Ouro
80 Hg Mercúrio
81 Tl Tálio
82 Pb Chumbo
83 Bi Bismuto
84 Po Polônio
85 At Astato
86 Rn Radônio
87 Fr Frâncio
88 Ra Rádio
89-103 Actinídios
104 Rf Rutherfórdio
105 Db Dúbnio
106 Sg Seabórgio
107 Bh Bóhrio
108 Hs Hássio
109 Mt Meitnério
110 Ds Darmstádtio
111 Rg Roentgênio
112 Cn Copernício
113 Nh Nipônio
114 Fl Fleróvio
115 Mc Moscóvio
116 Lv Livermório
117 Ts Tennessínio
118 Og Oganessônio
57 La Lantânio
58 Ce Cério
59 Pr Praseodímio
60 Nd Neodímio
61 Pm Promécio
62 Sm Samário
63 Eu Európio
64 Gd Gadolínio
65 Tb Térbio
66 Dy Disprósio
67 Ho Hólmio
68 Er Érbio
69 Tm Túlio
70 Yb Itérbio
71 Lu Lutécio
89 Ac Actínio
90 Th Tório
91 Pa Protactínio
92 U Urânio
93 Np Neptúnio
94 Pu Plutônio
95 Am Amerício
96 Cm Cúrio
97 Bk Berquélio
98 Cf Califórnio
99 Es Einstênio
100 Fm Férmio
101 Md Mendelévio
102 No Nobélio
103 Lr Laurêncio

DE ONDE PROVÊM OS ÁTOMOS?

NÚCLEO
Os átomos se formam por meio da nucleossíntese, que começou nos primeiros minutos após o Big Bang e ocorre até hoje no cerne das estrelas e supernovas.

LIGAÇÕES QUÍMICAS
Nosso planeta contém em estado natural cerca de 91 elementos diferentes. De onde provêm os átomos que compõem esses elementos? Como os átomos se formaram? Eles se formaram por meio de um processo chamado nucleossíntese, iniciado há cerca de 13,7 bilhões de anos, no nascimento do nosso universo.

Segundo o modelo do Big Bang, nosso universo começou como um denso e quente acúmulo de matéria e energia que rapidamente se expandiu e resfriou. Nos vinte primeiros minutos dessa expansão, hidrogênio e hélio (os dois elementos mais abundantes no universo) formaram-se a partir da sopa de partículas subatômicas. Então, a nucleossíntese parou, e o universo continuou se expandindo e resfriando. Após cerca de 500 milhões de anos, as primeiras estrelas começaram a se constituir. As estrelas são os berçários onde todos os demais elementos se formam. Conforme ardem – por meio de um processo chamado fusão nuclear –, elas fundem os núcleos de átomos menores e originam átomos maiores. Estrelas jovens fundem átomos de hidrogênio para formar hélio. Essa fusão libera imensas quantidades de calor e luz e pode alimentar uma estrela por bilhões de anos. Conforme a estrela envelhece, e se ela for grande o suficiente, a fusão pode continuar e formar átomos maiores, como os de carbono e oxigênio – aumentando até chegar ao ferro. A formação de elementos além do ferro requer energia extra e só acontece no estágio de supernova da vida de uma estrela. Uma supernova é essencialmente uma grande estrela em explosão. A energia liberada pelo fenômeno pode alimentar a nucleossíntese de elementos até o urânio, o elemento mais pesado que ocorre naturalmente.

TEMAS RELACIONADOS

RADIATIVIDADE
p. 140

A DIVISÃO DO ÁTOMO
p. 142

PERDA DE PESO NUCLEAR
p. 144

DADOS BIOGRÁFICOS
ARTHUR EDDINGTON
1882-1944
Astrônomo e físico inglês, o primeiro a sugerir que as estrelas são alimentadas por fusão

FRED HOYLE
1915-2001
Astrônomo inglês que formulou a teoria da nucleossíntese dentro das estrelas

Textos por Nivaldo Tro

Nas estrelas, átomos menores se fundem para formar átomos maiores. Todos os átomos além do hélio se formaram no cerne de estrelas e supernovas.

A NATUREZA DUAL DO ELÉTRON

Um elétron viajando pelo espaço comporta-se de modo muito diferente de uma bola de beisebol arremessada para fora do campo. A bola de beisebol tem uma trajetória definida – um caminho determinístico que ela segue. Um bom jogador de beisebol pode prever onde a bola cairá. Essa previsão requer que ele conheça duas propriedades da bola em rota: a posição (onde ela está) e a velocidade (com que rapidez se desloca). Se ele souber apenas uma dessas duas propriedades, não conseguirá prever a trajetória da bola. Um elétron se comporta de modo diferente, porque tem uma natureza dual: uma natureza de onda (associada à velocidade) e uma de partícula (associada à posição). A chave para compreender o comportamento do elétron é o Princípio da Incerteza de Heisenberg, que diz que "um elétron nunca existe ao mesmo tempo como onda e como partícula". Ele é uma coisa ou outra, nunca ambas. Embora o princípio de Heisenberg tenha resolvido um grande paradoxo (como algo pode ser tanto onda como partícula), implicou a morte do determinismo. Se você não consegue observar simultaneamente as naturezas de onda e de partícula do elétron, então não pode saber ao mesmo tempo sua velocidade e sua posição, ou seja, não consegue prever sua trajetória.

NÚCLEO
No caso dos elétrons e outras partículas, as trajetórias da física clássica são substituídas pelas distribuições probabilísticas da mecânica quântica.

LIGAÇÕES QUÍMICAS
Será que as menores partículas que existem, como os elétrons, são similares às que vemos a olho nu, só que menores? Um elétron orbitando um átomo é como um planeta que orbita o Sol? Não. Os elétrons comportam-se de outro modo. Elétrons e outras partículas têm uma dualidade onda--partícula que impossibilita prever as trajetórias exatas que assumirão. Por isso, descreve-se seu comportamento em termos de probabilidade.

TEMAS RELACIONADOS

DENTRO DO ÁTOMO
p. 18

ONDE FICAM OS ELÉTRONS DENTRO DO ÁTOMO
p. 24

PADRÕES PERIÓDICOS
p. 26

DADOS BIOGRÁFICOS

ERWIN SCHRÖDINGER
1887-1961
Físico austríaco crucial para o desenvolvimento da mecânica quântica e conhecido pelo experimento mental "Gato de Schrödinger"

WERNER HEISENBERG
1901-1976
Físico alemão que concebeu o chamado Princípio da Incerteza

Textos por Nivaldo Tro

Os elétrons não orbitam o núcleo do átomo como os planetas orbitam o Sol. Eles formam nuvens de probabilidade.

ONDE FICAM OS ELÉTRONS DENTRO DO ÁTOMO

NÚCLEO
Os elétrons dos átomos existem em orbitais da mecânica quântica, que são mapas de probabilidades tridimensionais que mostram a possibilidade de se encontrar o elétron em determinado volume de espaço.

LIGAÇÕES QUÍMICAS
Os átomos se ligam ao compartilhar ou transferir elétrons. Com isso, as posições dos elétrons no interior de um átomo – onde eles estão – são importantes, pois afetam como os átomos vão se ligar. Num modelo antigo, imaginavam-se os elétrons orbitando o núcleo do átomo mais ou menos como planetas em volta do Sol. Mas esse modelo mais tarde se mostrou equivocado e foi substituído pelo modelo do átomo da mecânica quântica.

As órbitas dos elétrons nos primeiros modelos atômicos foram mais tarde substituídas pelos orbitais da mecânica quântica. Ao contrário de uma órbita planetária, um orbital é um mapa tridimensional que mostra a probabilidade de encontrar um elétron em um certo volume de espaço. Você pode entender melhor o orbital por meio de uma analogia simples. Imagine que você passa alguns minutos batendo fotos a cada dez segundos de uma mariposa em volta de uma lâmpada acesa e, depois, sobrepõe essas fotos para compor uma imagem única. O resultado mostra a lâmpada com dezenas de imagens da mariposa. O volume em torno da lâmpada tem muitas imagens do inseto, indicando alta probabilidade de encontrá-lo nesse espaço. Mas longe da lâmpada há menos imagens da mariposa, o que indica menor probabilidade de encontrá-la nessa área. Um orbital da mecânica quântica é análogo – a lâmpada é o núcleo atômico, e a mariposa, o elétron. Assim como o antigo modelo do átomo tinha diferentes órbitas a várias distâncias do núcleo e com energias distintas, o modelo da mecânica quântica tem diferentes orbitais, cada um deles com distância média do núcleo e energia diferentes. Um elétron pode ser observado em um orbital ou em outro, mas nunca entre ambos.

TEMAS RELACIONADOS
A NATUREZA DUAL DO ELÉTRON
p. 22

LIGAÇÕES ENTRE OS ÁTOMOS
p. 28

DADOS BIOGRÁFICOS
NIELS BOHR
1885-1962
Físico dinamarquês, crucial para o desenvolvimento do modelo de estrutura atômica proposto pela mecânica quântica

ERWIN SCHRÖDINGER
1887-1961
Físico austríaco decisivo para o desenvolvimento do modelo da mecânica quântica para o átomo

Textos por Nivaldo Tro

Os modelos atômicos anteriores viam os elétrons orbitando o núcleo como planetas em volta do Sol. Foram substituídos pelo modelo da mecânica quântica.

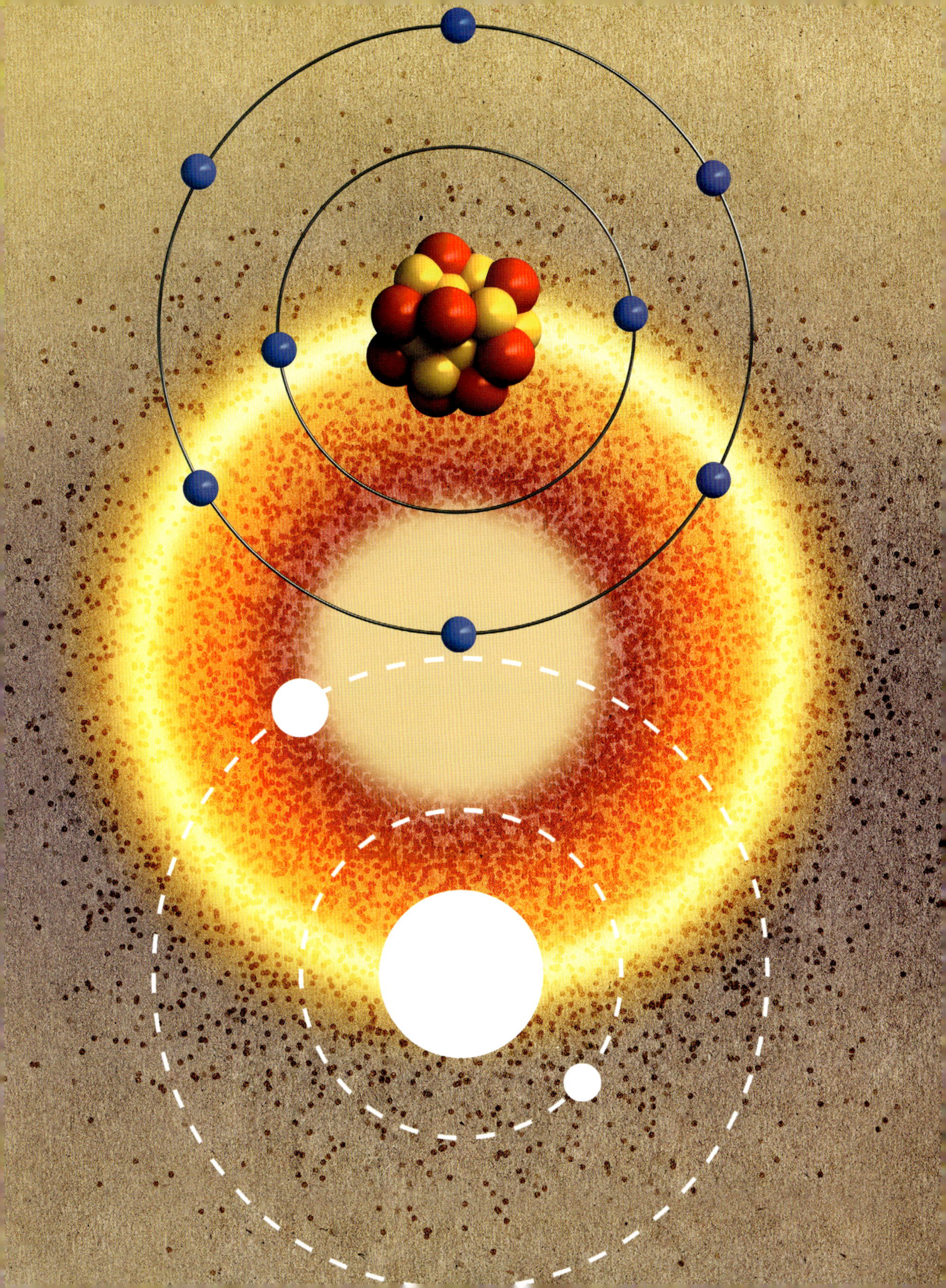

PADRÕES PERIÓDICOS

NÚCLEO
Quando os elementos são listados em ordem crescente de número atômico, suas propriedades repetem-se segundo um padrão regular.

LIGAÇÕES QUÍMICAS
A Terra contém cerca de 91 elementos diferentes que ocorrem naturalmente, cada um deles com propriedades características. No entanto, alguns grupos de elementos compartilham similaridades. A lei periódica e a correspondente tabela periódica nos permitem organizar os elementos conhecidos de maneiras que nos ajudam a compreender suas propriedades.

Os antigos gregos achavam que a matéria era composta por quatro elementos apenas: terra, água, fogo e ar. Em meados do século XIX, porém, cientistas já haviam descoberto mais de 50 elementos. Dmitri Mendeleev notou um padrão nas propriedades dos elementos conhecidos ao listá-los por ordem crescente de número atômico: certas propriedades eram recorrentes periodicamente. Com base nisso, construiu uma tabela de elementos cujo número atômico crescia da esquerda para a direita e dispôs elementos com propriedades similares na mesma coluna. Sua tabela continha alguns vazios que lhe permitiram prever a existência e as propriedades de elementos ainda não descobertos (e que o seriam mais tarde). A tabela de Mendeleev evoluiu para a moderna tabela periódica, que lista todos os elementos conhecidos até o momento. Os elementos na parte esquerda e no meio da tabela são principalmente metais, e os do lado direito, principalmente não metais. Cada coluna abriga uma família de elementos com propriedades similares. Por exemplo, a coluna da extrema esquerda contém os metais alcalinos, todos eles sólidos à temperatura ambiente e altamente reativos. A coluna da extrema direita, ao contrário, contém os gases nobres, uma família de elementos que são todos gases à temperatura ambiente e exibem pouca ou nenhuma reatividade química.

TEMAS RELACIONADOS
DENTRO DO ÁTOMO
p. 18

LIGAÇÕES ENTRE OS ÁTOMOS
p. 28

O PRINCÍPIO DA SINGULARIDADE
p. 86

DADOS BIOGRÁFICOS
JULIUS LOTHAR MEYER
1830-1895
Químico alemão que fez importantes contribuições para a tabela periódica

DMITRI MENDELEEV
1834-1907
Professor de química russo que formulou a lei periódica e construiu uma das primeiras tabelas periódicas

Textos por Nivaldo Tro

Mendeleev formulou uma das primeiras tabelas periódicas, que organiza os elementos segundo seu número atômico e propriedades químicas.

H Hidrogênio
2 He Hélio
Li Lítio
4 Be Berílio
5 B Boro
6 C Carbono
7 N Nitrogênio
8 O Oxigênio
9 F Flúor
10 Ne Neônio
Na Sódio
12 Mg Magnésio
13 Al Alumínio
14 Si Silício
15 P Fósforo
16 S Enxofre
17 Cl Cloro
18 Ar Argônio
K Potássio
20 Ca Cálcio
21 Sc Escândio
22 Ti Titânio
23 V Vanádio
24 Cr Crômio
25 Mn Manganês
26 Fe Ferro
27 Co Cobalto
28 Ni Níquel
29 Cu Cobre
30 Zn Zinco
31 Ga Gálio
32 Ge Germânio
33 As Arsênio
34 Se Selênio
35 Br Bromo
36 Kr Criptônio
Rb Rubídio
38 Sr Estrôncio
39 Y Ítrio
40 Zr Zircônio
41 Nb Nióbio
42 Mo Molibdênio
43 Tc Tecnécio
44 Ru Rutênio
45 Rh Ródio
46 Pd Paládio
47 Ag Prata
48 Cd Cádmio
49 In Índio
50 Sn Estanho
51 Sb Antimônio
52 Te Telúrio
53 I Iodo
54 Xe Xenônio
Cs Césio
56 Ba Bário
72 Hf Háfnio
73 Ta Tântalo
74 W Tungstênio
75 Re Rênio
76 Os Ósmio
77 Ir Irídio
78 Pt Platina
79 Au Ouro
80 Hg Mercúrio
81 Tl Tálio
82 Pb Chumbo
83 Bi Bismuto
84 Po Polônio
85 At Astato
86 Rn Radônio
Fr Frâncio
88 Ra Rádio
104 Rf Rutherfórdio
105 Db Dúbnio
106 Sg Seabórgio
107 Bh Bóhrio
108 Hs Hássio
Darmstádtio
Rg Roentgênio
112 Cn Copernício
113 Nh Nipônio
114 Fl Fleróvio
115 Mc Moscóvio
116 Lv Livermório
117 Ts Tennessino
118 Og Oganessônio
57 La Lantânio
58 Ce Cério
59 Pr Praseodímio
Nd Neodímio
61 Pm Promécio
Ho Hólmio
68 Er Érbio
69 Tm Túlio
70 Yb Itérbio
71 Lu Lutécio
89 Ac Actínio
90 Th Tório
91 Pa Protactínio
92 U Urânio
93 Np Netúnio
Fm Férmio
101 Md Mendelévio
102 No Nobélio
103 Lr Laurêncio

LIGAÇÕES ENTRE OS ÁTOMOS

NÚCLEO
Os átomos se ligam para formar compostos. Um composto, ao contrário de uma mistura de elementos, contém dois ou mais elementos em uma proporção fixa, definida.

LIGAÇÕES QUÍMICAS
O universo contém 118 elementos diferentes, mas não haveria vida se esses elementos não se ligassem entre eles para formar compostos. Quando dois ou mais elementos combinam-se para formar um composto, é criada uma substância inteiramente nova, com propriedades muito diferentes das dos elementos que a compõem. Desse modo, nossos 118 diferentes elementos do universo podem formar milhões de compostos. E isso, entre outras coisas, torna a vida possível.

Os átomos ligam-se por meio de compartilhamento (ligação covalente) ou de transferência (ligação iônica) de elétrons de seus orbitais de energia mais alta, formando compostos. O compartilhamento de elétrons típico ocorre entre dois ou mais não metais e resulta num composto molecular, que tem esse nome por ser formado por moléculas distintas (grupos de átomos ligados). A transferência de elétrons típica ocorre de um metal para um não metal e resulta em compostos iônicos. Estes não contêm moléculas distintas, existindo como uma série de íons (partículas com carga elétrica) providos de carga alternadamente positiva e negativa. A água é um bom exemplo de composto molecular. Compostos são representados por uma fórmula química, que nos diz quais são os elementos neles presentes e o número relativo de átomos de cada um. Por exemplo, a fórmula da água é H_2O, isto é, uma molécula de água é composta por dois átomos de hidrogênio e um de oxigênio, e a fórmula da sacarose (açúcar de mesa) é $C_{12}H_{22}O_{11}$. Os compostos moleculares podem conter desde um mínimo de dois átomos em uma molécula até milhares. O cloreto de sódio (sal de mesa) é um exemplo de composto iônico. Sua fórmula é NaCl e indica que sódio e cloro estão numa razão atômica de um para um.

TEMAS RELACIONADOS
ONDE FICAM OS ELÉTRONS DENTRO DO ÁTOMO
p. 24

O MODELO DE LEWIS PARA LIGAÇÕES QUÍMICAS
p. 32

TEORIAS DA LIGAÇÃO DE VALÊNCIA E DO ORBITAL MOLECULAR
p. 34

DADOS BIOGRÁFICOS
JOSEPH PROUST
1754-1826
Químico francês que fez observações sobre a formação dos compostos

LINUS PAULING
1901-1994
Químico americano que deu importantes contribuições para a compreensão das ligações químicas

Textos por Nivaldo Tro

A água é um composto molecular, formado por dois átomos de hidrogênio ligados a um átomo de oxigênio.

1766
Nasce em Eaglesfield, Inglaterra, num chalé branco que existe até hoje

1776
É enviado à escola *quaker* Pardshaw Hall

1781-93
Leciona na Stramongate School, em Kendal

1787
Começa a manter registro de diários meteorológicos

1793
Agora no New College em Manchester, publica um trabalho sobre a cegueira para as cores vermelho e verde, hoje chamada de "daltonismo"

1801
Formula a Lei de Dalton, sobre Pressões Parciais

1803
Publica um artigo onde descreve pela primeira vez sua teoria atômica

1808
Publica *A New System of Chemical Philosophy*, no qual sua teoria atômica é apresentada de modo integral

1810
É indicado para a Royal Society, mas recusa a oferta porque os *quakers* resistem em aceitar o reconhecimento público

1822
É de novo indicado e então eleito para a Royal Society, mas sem seu conhecimento

1826
Recebe a primeira Medalha Real da Royal Society

1832
De início, recusa um doutorado honorário da Oxford University que exigiria que vestisse roupas escarlate. Persuadido de que as roupas eram verde-escuras, aceita a comenda

1844
Morre e é homenageado com um funeral civil, com todas as honras

JOHN DALTON

John Dalton nasceu numa família *quaker*, pobre e muito rigorosa, em Eaglesfield, norte da Inglaterra, em 1766. Aos 10 anos, entrou numa escola *quaker* próxima e apenas dois anos mais tarde começou a lecionar ali.

Logo depois de começar a dar aulas e estudar em Kendal, passou a registrar observações meteorológicas, muitas vezes com instrumentos construídos por ele mesmo. Fez isso durante 57 anos até sua morte, e foram mais de 200 mil notações. Escreveu uma vez que "minha cabeça é muito cheia de triângulos, processos químicos, experimentos elétricos etc. para pensar seriamente em casamento".

Ao se mudar para Manchester como tutor em matemática e filosofia natural, entrou para a Sociedade Literária e Filosófica de Manchester, e sua primeira explanação descrevia uma "cegueira para as cores" vermelha e verde – da qual ele e o irmão sofriam – hoje chamada de "daltonismo".

Seu amor à meteorologia levou-o a refletir sobre a constituição do ar e a natureza de seus gases componentes. Concluiu que a atmosfera é uma mistura de gases e que a pressão total que ela exerce é a soma das "pressões parciais" exercida individualmente por esses componentes. A pressão total, defendia ele, deve-se às partículas (o que chamaríamos de átomos e moléculas) desses gases, que se chocam contra as paredes do recipiente no qual estiverem contidas.

O feito mais famoso de Dalton foi conceber a primeira teoria atômica concreta, que organizou várias suposições conhecidas à época, a começar pela ideia grega da indivisibilidade dos átomos. Ele sustentava que os átomos de um dado elemento são únicos (particularmente em sua massa) e se combinam com átomos de outro elemento em proporções de números inteiros. Nas reações químicas, os átomos são reordenados ao passar de uma configuração para outra. Dalton seguiu adiante e construiu uma das primeiras tabelas de pesos atômicos, repleta, porém, de imprecisões que poderiam ter sido facilmente corrigidas se ele tivesse se mostrado mais aberto a novas ideias da comunidade científica internacional. Apesar dessas dificuldades, a teoria pôde ser testada e se mostrou sustentável em suas asserções gerais.

Como Dalton partira de um conceito até então discutido de modo impreciso e rejeitado durante 2 mil anos e conseguira moldá-lo como um paradigma que revolucionou toda a ciência, seus colegas estavam ansiosos para lhe prestar homenagens. Porém, devido a suas crenças *quaker*, ele recusou muitas dessas honrarias, inclusive um doutorado pela Oxford University que teria exigido que vestisse roupas escarlate. Mais tarde, informado de que as roupas eram na verdade verdes (afinal, ele era daltônico), aceitou a graduação. Ao falecer, não teve como impedir que 40 mil pessoas em fila passassem diante de seu caixão e cem carruagens formassem seu cortejo fúnebre.

Glen E. Rodgers

O MODELO DE LEWIS PARA LIGAÇÕES QUÍMICAS

NÚCLEO
No modelo de Lewis de ligações químicas, os átomos se ligam para obter octetos – oito elétrons em sua camada de valência.

LIGAÇÕES QUÍMICAS
As peças mais poderosas do conhecimento científico são as teorias (ou modelos). As teorias explicam não só o que acontece na natureza, mas por que acontece. O modelo de Lewis de ligações químicas explica por que, por exemplo, a água é H_2O e não qualquer outra combinação de átomos. Mas o modelo de Lewis é simples, e outros, mais sofisticados, são ainda mais eficazes para prever e explicar as ligações químicas.

No modelo mais simples para ligações químicas – o modelo de Lewis –, os átomos compartilham ou transferem seus elétrons de mais alta energia (elétrons de valência) para obter um octeto, ou seja, oito elétrons no conjunto de orbitais de mais alta energia (ou mais externo). A exceção é o hidrogênio, que compartilha/transfere seu único elétron para obter um dueto – dois elétrons no orbital mais externo. Quando aplicam o modelo de Lewis, os químicos usam símbolos especiais para os átomos e seus elétrons de valência. Por exemplo, os símbolos de Lewis para hidrogênio e oxigênio são:

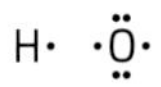

O ponto junto ao H representa o único elétron de valência do hidrogênio, e os seis pontos do O representam os seis elétrons de valência do oxigênio. A ligação entre hidrogênio e oxigênio para formar água exige compartilhar elétrons de valência, e o símbolo de Lewis para a água é:

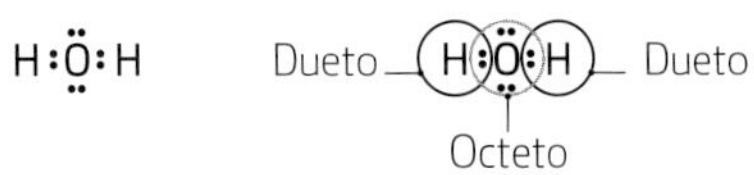

Os elétrons compartilhados (aqueles entre dois elementos) contam para o octeto (ou dueto) de ambos os átomos. Assim, na estrutura de Lewis, cada átomo de hidrogênio tem um dueto, e de oxigênio, um octeto.

TEMAS RELACIONADOS
ONDE FICAM OS ELÉTRONS DENTRO DO ÁTOMO
p. 24

LIGAÇÕES ENTRE OS ÁTOMOS
p. 28

TEORIAS DA LIGAÇÃO DE VALÊNCIA E DO ORBITAL MOLECULAR
p. 34

DADOS BIOGRÁFICOS
GILBERT N. LEWIS
1875-1946
Químico americano e professor da University of California, Berkeley, que construiu o modelo de ligações químicas, batizado com seu nome

Textos por Nivaldo Tro

O modelo de Lewis mostra como os átomos compartilham elétrons para obter octetos.

TEORIAS DA LIGAÇÃO DE VALÊNCIA E DO ORBITAL MOLECULAR

NÚCLEO
No modelo da ligação de valência, a ligação química é a sobreposição de orbitais atômicos semipreenchidos. Na teoria do orbital molecular, os orbitais atômicos são totalmente substituídos por orbitais moleculares.

LIGAÇÕES QUÍMICAS
O modelo de Lewis de ligações químicas é prático e útil, mas tem limitações. Sabemos, por exemplo, que os elétrons não são pontos estacionários situados entre os átomos. Dois modelos de ligações mais eficazes – a teoria da ligação de valência e a teoria do orbital molecular – levam em conta a natureza de mecânica quântica dos elétrons e permitem previsões e explicações ainda mais eficazes das ligações químicas.

Os químicos usam três modelos para explicar as ligações químicas: o modelo de Lewis, a teoria da ligação de valência e a teoria do orbital molecular, cada uma mais complexa que a outra, mas também mais eficaz. O modelo de Lewis requer apenas lápis e papel para que o químico possa prever e explicar grande parte do comportamento químico. As teorias da ligação de valência e do orbital molecular exigem cálculos mais complexos, no computador.

Na teoria da ligação de valência, uma ligação química é modelada como a sobreposição de orbitais atômicos semipreenchidos. Quando os orbitais se sobrepõem, a energia de seus elétrons decresce, estabilizando a molécula em relação aos átomos que a compõem. O orbital molecular é para a molécula o que o orbital atômico é para o átomo. Cada molécula tem seu conjunto de orbitais moleculares, que depende dos átomos que a compõem e de sua disposição no espaço. Se a energia total dos elétrons nos orbitais moleculares é mais baixa que nos orbitais atômicos dos átomos constituintes, a molécula será estável. Tanto a teoria da ligação de valência quanto a do orbital molecular podem prever com precisão detalhes da estrutura molecular, como geometrias moleculares, comprimentos e forças de ligações.

TEMAS RELACIONADOS
ONDE FICAM OS ELÉTRONS DENTRO DO ÁTOMO
p. 24

LIGAÇÕES ENTRE OS ÁTOMOS
p. 28

O MODELO DE LEWIS PARA LIGAÇÕES QUÍMICAS
p. 32

DADOS BIOGRÁFICOS
JOHN EDWARD LENNARD-JONES
1894–1954
Matemático e físico inglês, pioneiro da química computacional

LINUS PAULING
1901–1994
Químico americano que deu importantes contribuições para a teoria da ligação de valência

Textos por Nivaldo Tro

A teoria do orbital molecular prevê que o oxigênio deveria ser um líquido magnético, o que de fato é. Teorias mais simples de ligação não preveem tal propriedade.

MOLÉCULAS POLARES E APOLARES

NÚCLEO
A distribuição muitas vezes irregular dos elétrons, que pode ocorrer quando dois átomos diferentes se juntam, resulta numa ligação polar, que afeta em grande medida as propriedades da substância.

LIGAÇÕES QUÍMICAS
A existência de água líquida na superfície da Terra pode ser atribuída às ligações polares. A maioria das moléculas pequenas é gás à temperatura ambiente, mas a água está entre as poucas líquidas. Por quê? Porque a água tem ligações altamente polares com o hidrogênio numa ponta e o oxigênio na outra. O pequeno tamanho do hidrogênio permite que as moléculas se aproximem bastante e interajam intensamente. Essa forte interação torna difícil a separação das moléculas de água umas das outras.

Sabemos pelo que vimos até aqui que os átomos se ligam ao compartilharem elétrons. Mas se os átomos que se ligam são diferentes (dois elementos diferentes), então o compartilhamento muitas vezes não é igual – um dos dois átomos monopoliza o elétron mais do que o outro. O resultado é uma ligação polar, que tem uma ponta positiva de um lado e uma negativa do outro. Numa molécula, as ligações polares podem se juntar e resultar numa molécula polar. Moléculas polares interagem fortemente, porque o lado positivo de uma molécula é atraído para o lado negativo de sua vizinha – assim como o polo norte de um ímã é atraído para o polo sul de outro ímã. Essas atrações afetam as propriedades das substâncias que as moléculas formam. Por exemplo, substâncias polares tendem a ter pontos de fusão e ebulição mais elevados do que suas contrapartidas apolares, pois a atração entre as moléculas vizinhas torna as moléculas mais difíceis de separar. Substâncias polares também tendem a não se misturar bem com substâncias apolares. Por exemplo, água e óleo não se misturam porque a água é muito polar e o óleo é apolar. Ao contrário, água e álcool etílico (etanol) misturam-se em todas as proporções porque ambos são polares.

TEMAS RELACIONADOS

LIGAÇÕES ENTRE OS ÁTOMOS
p. 28

AS FORÇAS QUE MANTÊM A MATÉRIA COESA
p. 42

ESTADO LÍQUIDO
p. 46

DADOS BIOGRÁFICOS
JOHANNES DIDERIK VAN DER WAALS
1837-1923
Físico holandês, um dos primeiros a postular a existência de forças entre as moléculas

LINUS PAULING
1901-1994
Químico americano que quantificou a polaridade das ligações químicas

Textos por Nivaldo Tro

Uma molécula polar tem uma distribuição assimétrica de cargas que atrai outras moléculas polares.

ESTADOS DA MATÉRIA

ESTADOS DA MATÉRIA
GLOSSÁRIO

fase líquida única Mistura líquida com composição uniforme.

força de dispersão Força de atração entre átomos e moléculas em razão de dipolos temporários formados devido a oscilações de carga.

força dipolo Força de atração entre duas ou mais moléculas polares em razão de sua distribuição assimétrica de cargas.

forças intermoleculares Forças de atração existentes entre átomos e moléculas.

ligação covalente Ligação de átomos por compartilhamento de um ou mais elétrons.

ligação iônica União de dois átomos quando um transfere um elétron para o outro.

ligação polar Ligação química com distribuição de carga assimétrica.

mistura homogênea Mistura que contém dois ou mais componentes e tem a mesma composição homogênea em seu todo.

molécula polar Molécula com ligações polares e também com uma distribuição de carga assimétrica por seu todo.

pressão do vapor A pressão do vapor de um líquido em equilíbrio com seu líquido.

pressão osmótica A pressão exigida para deter o fluxo osmótico. O fluxo osmótico é o fluxo de água por uma membrana semipermeável, de uma solução mais diluída para uma solução mais concentrada.

princípio "semelhante dissolve semelhante" A ideia de que moléculas polares misturam-se bem com outras moléculas polares e não se misturam bem com moléculas apolares. Aplicável principalmente a soluções aquosas.

propriedades macroscópicas dos gases Propriedades de temperatura, volume, pressão e número de moles de uma amostra de gás.

sólido amorfo Sólido cujos átomos ou moléculas não têm um arranjo ordenado, repetitivo e tridimensional.

sólido cristalino Sólido cujos átomos ou moléculas são arranjados de maneira bem ordenada, repetitiva e tridimensional.

soluto O componente minoritário de uma solução.

soluto polar Soluto (componente de uma solução) que tem distribuição de carga assimétrica. Um soluto apolar tem uma distribuição de carga altamente simétrica.

solvente O componente majoritário de uma solução.

AS FORÇAS QUE MANTÊM A MATÉRIA COESA

NÚCLEO
Matérias sólidas e líquidas existem porque as partículas de que são compostas têm forte atração entre si.

LIGAÇÕES QUÍMICAS
Por que algumas substâncias são sólidas à temperatura ambiente e outras são líquidas ou gasosas? Porque as partículas que compõem a matéria são atraídas mutuamente em graus variados. Atrações fortes entre partículas produzem sólidos à temperatura ambiente, atrações moderadamente fortes resultam em líquidos, e atrações fracas produzem os gases. Quanto mais alta a temperatura, mais forte deve ser a atração entre as partículas para se manter os estados líquido e sólido.

A matéria existe em três estados: sólido, líquido e gasoso. No estado gasoso, as partículas que compõem a matéria estão separadas por grandes distâncias e não interagem muito. Nos estados sólido e líquido, ao contrário, elas têm forte interação e se unem por forças de atração. Alguns sólidos, como o diamante, são unidos por ligações químicas covalentes entre os átomos (é o que torna o diamante tão rígido). Outros sólidos, como o sal de cozinha, são mantidos coesos pelas ligações iônicas entre seus íons. Outros sólidos, como o gelo, e também muitos líquidos mantêm-se unidos pelas forças de atração existentes entre as moléculas. Essas são conhecidas como forças intermoleculares. Elas existem porque a distribuição de elétrons em uma molécula pode tanto ser temporariamente assimétrica, resultando na força de dispersão, como permanentemente assimétrica, o que resulta na força dipolo. Em ambos os casos, a distribuição assimétrica de elétrons faz com que parte da molécula fique com carga positiva (de modo temporário ou permanente) e a outra, com carga negativa. As pontas positiva e negativa de moléculas vizinhas então se atraem, como polos opostos de ímãs. Essas atrações devem ser superadas para que uma substância possa sofrer fusão ou entrar em ebulição.

TEMAS RELACIONADOS
MOLÉCULAS POLARES E APOLARES
p. 36

ESTADO LÍQUIDO
p. 46

ESTADO SÓLIDO
p. 48

DADOS BIOGRÁFICOS
JOHANNES DIDERIK VAN DER WAALS
1837-1923
Físico holandês, um dos primeiros a postular a existência de forças entre as moléculas

Textos por Nivaldo Tro

A intensidade das forças entre as moléculas de água no gelo determina seu ponto de fusão.

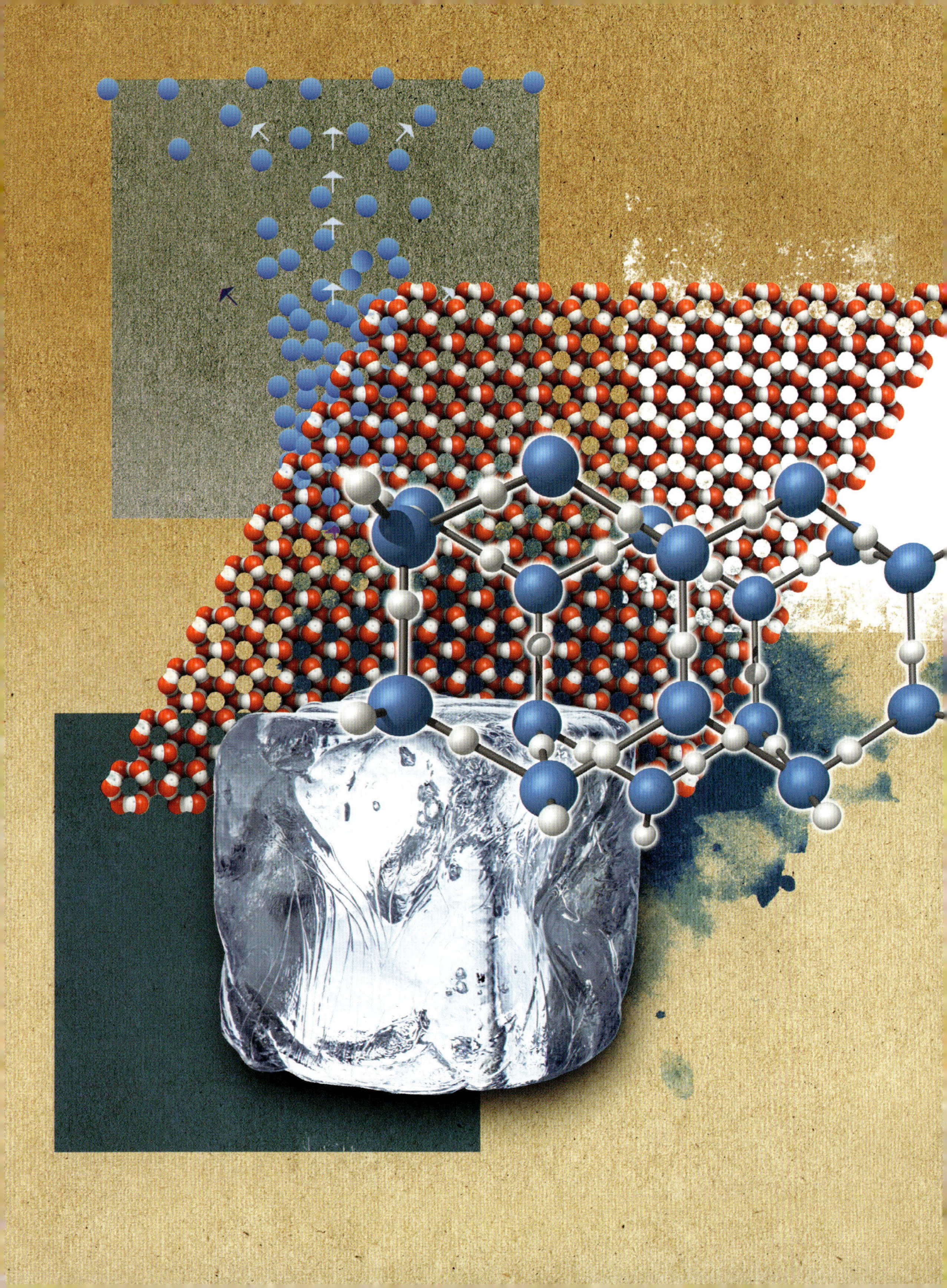

ESTADO GASOSO

Os gases têm a propriedade exclusiva – ao contrário dos sólidos e líquidos – de sempre preencherem completamente o volume de seu recipiente. No fim do século XVIII, já haviam sido descritas empiricamente as relações entre volume, pressão e quantidade de gás. Os balonistas de ar quente Jacques Charles (famoso pela lei de Charles) e Joseph Gay-Lussac não só bateram recordes de altitude no balonismo, como em suas aventuras colheram dados sobre a relação temperatura-volume dos gases, segundo a qual o volume ocupado por um gás aumenta com a temperatura. Robert Boyle demonstrou que o volume ocupado por um gás é inversamente proporcional à sua pressão, uma relação que ficou conhecida como lei de Boyle. Amedeo Avogadro lançou a hipótese de que volumes iguais de gás eram ocupados por igual número de moléculas, como parte de sua teoria de que os gases consistiam em moléculas, compostas por sua vez por átomos. Sua teoria foi praticamente ignorada à época. Progressos ulteriores na compreensão da origem dessas relações exigiram que os químicos aceitassem a teoria da natureza particulada de átomos e moléculas. O modelo atual que explica tais propriedades é a teoria cinético-molecular.

NÚCLEO

A teoria cinético-molecular explica as propriedades macroscópicas dos gases com base no comportamento de suas partículas.

LIGAÇÕES QUÍMICAS

A teoria cinético-molecular se baseia em três postulados. A dimensão das partículas que compõem um gás é pequena a ponto de ser negligenciável, portanto as partículas de gás não ocupam praticamente nenhum volume. As partículas de um gás estão em constante movimento e têm energia cinética média proporcional à temperatura do gás. Colisões entre moléculas de gás são perfeitamente elásticas no sentido de que a energia pode ser transferida, mas não se perde nas colisões.

TEMAS RELACIONADOS

A MATÉRIA É FEITA DE PARTÍCULAS
p. 14

ENTROPIA E A SEGUNDA LEI DA TERMODINÂMICA
p. 76

DADOS BIOGRÁFICOS

JAMES CLERK MAXWELL
1831-1879
Matemático escocês que, embora mais conhecido por sua obra no eletromagnetismo, também desenvolveu meios estatísticos de explicar as propriedades dos gases

Textos por John B. Vincent

As propriedades dos gases tornam possíveis o balonismo a ar quente e o mergulho com cilindro.

ESTADO LÍQUIDO

NÚCLEO
Líquidos são feitos de moléculas com energia suficiente para fluir e passar umas pelas outras, mas geralmente insuficiente para superar de vez sua atração mútua.

LIGAÇÕES QUÍMICAS
Despeje água em um copo – ele se enche até certo nível, e a forma da água é a mesma do interior do copo. Se despejar água em um copo de formato quadrado, ela assumirá esse formato. Se deixar a água ali por alguns dias, ela vai aos poucos evaporar. Como se explica esse comportamento de um ponto de vista das partículas?

As moléculas que compõem um líquido são como pessoas dançando numa casa noturna lotada. Elas têm tanta energia que ficam o tempo todo girando pela pista e interagindo com pessoas diferentes. Sentem-se atraídas por todas as demais e querem dançar com todo mundo. De modo similar, as moléculas nos líquidos têm forças de atração em relação a todas as outras moléculas em volta delas, mas a energia é tanta que elas não ficam paradas e estão em trânsito constante. Em sua totalidade, as pessoas na casa noturna apresentam o mesmo formato do local. Se todas passassem de uma casa noturna quadrada para uma circular, esse formato geral mudaria. Do mesmo modo, no todo, as moléculas de água fluem e assumem a forma de seu recipiente. Nem toda molécula em um líquido (ou pessoa em uma casa noturna) tem o mesmo nível de energia. Umas têm mais, outras, menos. Umas poucas possuem muito mais energia – a ponto de se libertarem de sua atração em relação às demais moléculas no líquido e se desprenderem como moléculas de gás (em essência, passam a dançar fora da casa noturna). É assim que os líquidos evaporam.

TEMAS RELACIONADOS
A MATÉRIA É FEITA DE PARTÍCULAS
p. 14

AS FORÇAS QUE MANTÊM A MATÉRIA COESA
p. 42

ESTADO GASOSO
p. 44

DADOS BIOGRÁFICOS
RUGGIERO GIUSEPPE BOSCOVICH
1711-1787
Físico de Ragusa (atual Croácia) que predisse que os estados da matéria dependem de forças entre suas partículas

FRANÇOIS-MARIE RAOULT
1830-1901
Químico francês que explorou as propriedades das soluções

Textos por Jeff C. Bryan

As moléculas que compõem o estado líquido estão em movimento constante, como pessoas dançando numa casa noturna lotada.

ESTADO SÓLIDO

NÚCLEO
Sólidos têm tamanho e forma definidos porque as partículas que os compõem ficam paradas no lugar.

LIGAÇÕES QUÍMICAS
Os sólidos comportam-se de modo diferente dos líquidos e gases. Têm forma e tamanho fixos e não assumem a forma de seus recipientes, como os líquidos, nem podem ser comprimidos como os gases.

As partículas que compõem um sólido são como os dançarinos da casa noturna do exemplo anterior (sobre líquidos), só que com menos energia relativa à força de suas atrações. Elas ainda se movimentam, mas não ficam girando em volta umas das outras, pois são fortemente atraídas pelas que as circundam. De modo similar, as atrações entre as partículas num sólido são tão fortes em comparação com a energia que possuem que as partículas não fluem umas pelas outras como ocorre nos líquidos. As partículas que compõem um sólido cristalino não só estão paradas num lugar, mas arranjadas de uma maneira ordenada, como tijolos de uma parede. Em contraste, as partículas que compõem um sólido amorfo são arranjadas de modo mais casual, como num prato de macarrão. Os sólidos cristalinos (como o sal ou o gelo) tendem a ser menos flexíveis que os sólidos amorfos (como o plástico ou o vidro). Embora as partículas que compõem os sólidos não se movimentem trespassando ou girando em volta umas das outras, elas oscilam e se agitam. Quando aquecidas, adquirem mais energia. E, quando aquecidas o suficiente, começam a se movimentar e passar umas pelas outras – o sólido então se funde. A quantidade de energia (temperatura) necessária para a fusão depende da intensidade com que as moléculas estão sendo atraídas mutuamente.

TEMAS RELACIONADOS
A MATÉRIA É FEITA DE PARTÍCULAS
p. 14

AS FORÇAS QUE MANTÊM A MATÉRIA COESA
p. 42

ESTADO LÍQUIDO
p. 46

DADOS BIOGRÁFICOS

WILLIAM LAWRENCE BRAGG
1890-1971
Físico britânico nascido na Austrália e ganhador do Nobel de Física de 1915, descobriu como perscrutar as estruturas dos sólidos

LINUS PAULING
1901-1994
Americano ganhador do Prêmio Nobel de Química de 1954, desenvolveu nossa compreensão de como os átomos e as moléculas se atraem mutuamente

Textos por Jeff C. Bryan

As moléculas no estado sólido são como dançarinos que se mexem no mesmo lugar na pista de dança.

1627
Nasce em Lismore, Irlanda

1639
Faz o Grand Tour por Paris, Genebra e Florença

1644
Volta à Inglaterra após a morte do pai e vai morar com a irmã Katherine, Lady Ranelagh, em Londres, onde se filiam ao "Colégio Invisível"

1645
Muda-se para a casa rural do pai em Stalbridge, Dorsetshire, Inglaterra, onde monta seu primeiro laboratório

1654
Vai para Oxford, onde volta a morar com a irmã. Ele e seu assistente Robert Hooke montam um laboratório. Hooke constrói uma "máquina pneumática"

1661
Publica *The Sceptical Chymist* [O químico cético], em que defende enfaticamente sua hipótese corpuscular ou atômica e dá uma definição de elemento

1662
Publica a segunda edição de *The Spring of the Air* [Novas experiências físico-mecânicas – tocando a mola do ar], na qual estabelece a Lei de Boyle

1668
Volta para Londres, onde ele e Hooke montam um novo laboratório. A essa altura o "Colégio Invisível" já se tornou a "Royal Society de Londres para a Melhoria do Conhecimento Natural"

1691
Morre em Londres uma semana após a morte da irmã

ROBERT BOYLE

Robert Boyle nasceu em um castelo em Lismore, Irlanda, em 1627, como 14º filho de Richard Boyle, conde de Cork e um dos homens mais ricos da Grã-Bretanha. Seu pai o enviou com apenas 12 anos para o Grand Tour por Paris, Genebra e Florença, o que o manteve em segurança durante a Rebelião Irlandesa de 1641. Em Genebra, durante uma tempestade terrível, Boyle prometeu dedicar a vida a promover a obra de Deus na Terra. Manteve a religiosidade pelo resto da vida.

Ele voltou a Londres para morar com a irmã Katherine (a "Lady Ranelagh") em 1644, e juntos tornaram-se membros do "Colégio Invisível", assim chamado por não ter local fixo de encontro, que discutia ciência – na época conhecida como "filosofia natural". Em Stalbridge, Dorsetshire, convencido de que observações e experimentos eram a pedra de toque das investigações científicas, montou seu primeiro laboratório.

Boyle é considerado uma figura de transição entre a alquimia e a química. Foi o responsável por remover da alquimia o prefixo "al", dando origem à "química". Entre seus muitos interesses, dedicou-se à crisopeia, ciência da transmutação de "metais básicos" em ouro. A partir de 1654, ele e seu assistente Robert Hooke montaram um laboratório na casa de Lady Ranelagh em Oxford. Hooke construiu uma "máquina pneumática", ou bomba a vácuo, que Boyle usou para definir o que hoje conhecemos como a Lei de Boyle, que declara a relação inversa entre o volume de um gás e a pressão exercida sobre ele. Seus experimentos deram grande alento à ideia de que o ar era composto por "corpúsculos" discretos, em rápido movimento (o que chamaríamos de átomos ou moléculas), que colidem com as paredes de seu recipiente e exercem uma pressão que Boyle chamou de "a mola do ar".

Em seu livro *The Sceptical Chymist* (1661), definiu os elementos como "certos corpos primitivos e simples, ou perfeitamente não misturados". Argumentou que a visão aristotélica de que os elementos deviam se restringir a terra, ar, fogo e água não era corroborada pelas observações. Sua meta principal era tornar a alquimia mais científica, concebendo boas hipóteses com base em sólidos métodos experimentais, relatados com grande precisão e detalhamento. Em Londres, Boyle montou outro laboratório e, entre outros esforços, trabalhou ativamente para isolar e produzir um novo elemento: o fósforo. Era um autor prolífico e escreveu mais de quarenta livros sobre uma variedade de assuntos, abrangendo não somente a química, mas também filosofia, medicina e religião. Boyle morreu em 1691, uma semana após a morte de sua amada irmã.

Glen E. Rodgers

CERÂMICA

NÚCLEO
As propriedades tecnologicamente úteis dos materiais cerâmicos dependem dos arranjos em 3D de seus átomos e da natureza das ligações químicas que lhes dão coesão.

LIGAÇÕES QUÍMICAS
As primeiras estatuetas e vasos de cerâmica foram feitos há mais de 20 mil anos, muito antes dos utensílios de metal. Mais tarde, artesãos usaram a cerâmica dura como porcelana, a cerâmica transparente como vidro e os cimentos, que dominam as paisagens urbanas atuais. Os cientistas da cerâmica continuam produzindo novos materiais tecnologicamente úteis: exemplos recentes são as ferramentas de corte de carbeto de silício, lubrificantes de nitreto de boro, chips de computador de silício e implantes médicos de biovidro, feitos de sílica e hidroxiapatita.

A cerâmica é um dos materiais mais importantes da civilização humana. Trata-se de um sólido cuja coesão é garantida por redes de ligações iônicas ou covalentes que se estendem por todo o material. Difere dos metais pelo fato de as ligações serem direcionais em certa medida e, portanto, precisarem ser rompidas para que os planos de átomos possam deslizar uns pelos outros. Com isso, a cerâmica não é facilmente deformável, ao contrário dos metais, e tende a ser quebradiça e dura. A cerâmica pode ser fabricada misturando-se minerais finamente pulverizados e aquecendo-os até que seus átomos se movam com rapidez suficiente para se interpenetrarem, ou até que os minerais se fundam numa única fase líquida. Ao serem resfriados, os átomos na cerâmica resultante costumam se dispor em fileiras nítidas, como num cristal. Os vidros podem ser produzidos se o resfriamento for rápido o suficiente para que os átomos sejam congelados instantaneamente a partir do líquido do qual ele foi feito. Muitas cerâmicas minerais de silicato de alumínio consistem de cadeias ou camadas de ligações covalentes que podem absorver água e íons de metais entre elas. Isso inclui argilas, que incham consideravelmente quando absorvem água, assim como o mineral caulinita, um componente básico da porcelana.

TEMAS RELACIONADOS
O MODELO DE LEWIS PARA LIGAÇÕES QUÍMICAS
p. 32

ESTADO SÓLIDO
p. 48

DADOS BIOGRÁFICOS
HERMANN SEGER
1839-1893
Químico alemão pioneiro do estudo científico da cerâmica por meio da tabela periódica

RUSTUM ROY
1924-2010
Cientista indiano, desenvolveu o método sol-gel de preparo de cerâmica a partir de precursores químicos líquidos

W. DAVID KINGERY
1926-2000
Engenheiro de materiais americano, pioneiro na aplicação de princípios da química do estado sólido à síntese e processamento da cerâmica

Textos por Stephen Contakes

A estrutura e as ligações em materiais cerâmicos determinam suas várias propriedades úteis.

SOLUÇÕES

Soluções são misturas homogêneas formadas quando uma substância (soluto) dissolve-se em outra substância (solvente). A água do mar, o ar e a água com açúcar são exemplos de soluções. Soluções aquosas são as que têm a água como solvente. As propriedades das soluções variam segundo os componentes. Por exemplo, uma solução sal-água tem temperatura de congelamento mais baixa que a água pura (e por isso os lagos de água doce congelam mais rápido que os oceanos). De modo similar, uma solução sal-água apresenta temperatura de ebulição mais alta, pressão de vapor mais baixa e pressão osmótica mais alta do que a água pura. Essas características das soluções são conhecidas como "propriedades coligativas". Foram estudadas pela primeira vez por Richard Watson, professor de química na Cambridge University, que observou o tempo de congelamento de dezoito soluções aquosas de vários sais expostas a uma atmosfera inusualmente fria (-14°C) de fevereiro em Cambridge. Ele viu que o principal fator da queda no ponto de congelamento da solução é o número de partículas de soluto (concentração), e não o tipo de sal. O cloreto de cálcio ($CaCl_2$) é mais eficaz para tratar de estradas congeladas do que o cloreto de sódio (NaCl), porque gera mais partículas de soluto (íons) ao se misturar com a superfície congelada.

NÚCLEO

Quando as partículas de uma substância são dissolvidas em outra (o solvente), interferem no modo como as moléculas do solvente interagem, mudando as propriedades da solução.

LIGAÇÕES QUÍMICAS

A natureza das forças intermoleculares em todos os estados da matéria determina em parte se uma substância se dissolve em outra. O princípio de que "semelhante dissolve semelhante" é útil para determinar a solubilidade em água: solutos polares tendem a ser mais solúveis em água (já que a água é polar). Por exemplo, o sal é solúvel em água, mas a gordura (em geral, apolar), não.

TEMAS RELACIONADOS

ESTADO GASOSO
p. 44

ESTADO LÍQUIDO
p. 46

DADOS BIOGRÁFICOS

DANIEL BERNOULLI
1700-1782
Matemático suíço cujo trabalho *Hydrodynamica* constitui a primeira discussão qualitativa sobre as soluções aquosas do sal

RICHARD WATSON
1737-1816
Professor de química na Cambridge University que realizou medições experimentais no estudo das propriedades de soluções salinas aquosas

Textos por Ali O. Sezer

Soluções sal-água têm um ponto de congelamento mais baixo que o da água pura, e por isso o sal é usado para diminuir neve e gelo nas estradas e trilhas.

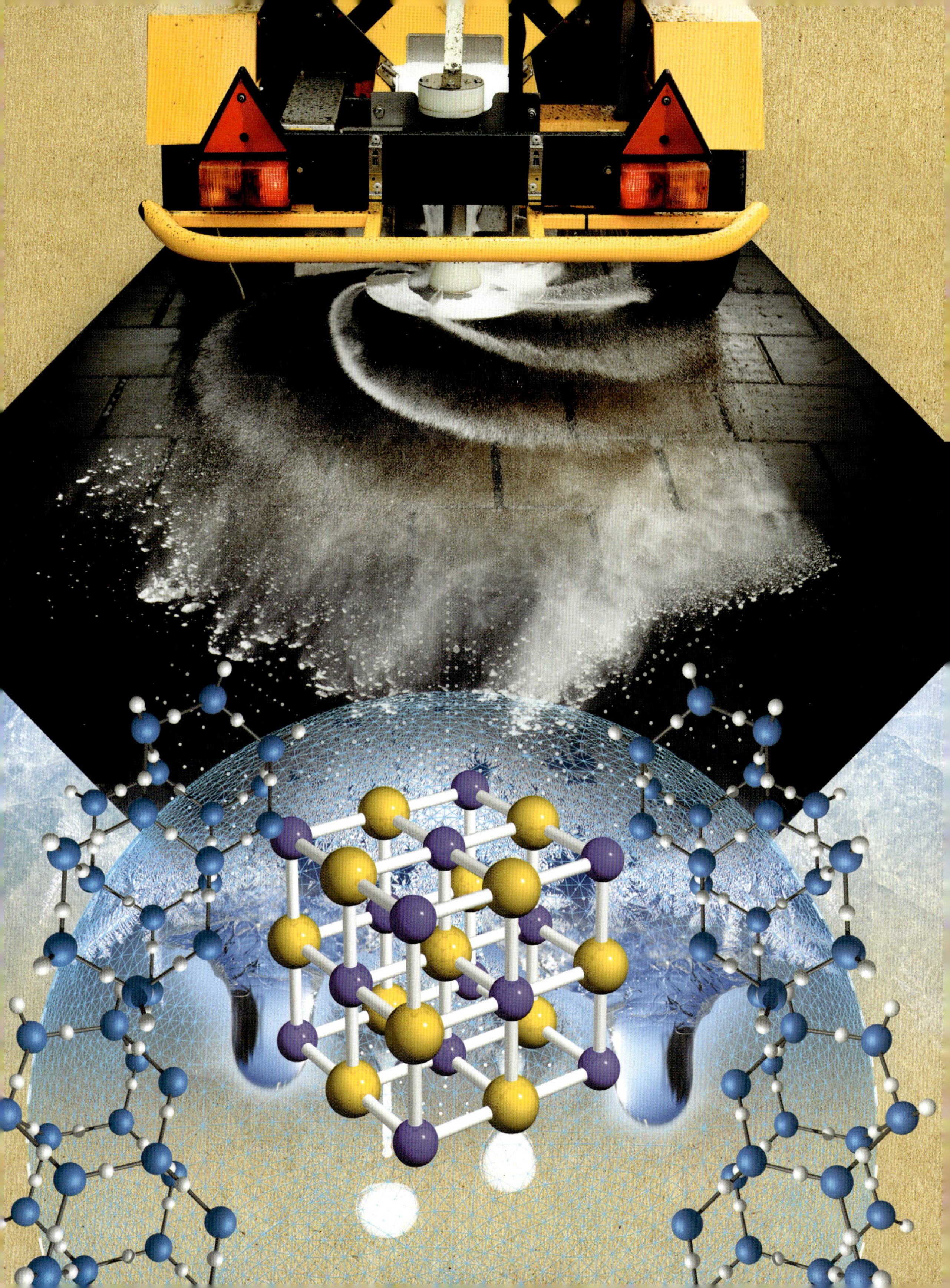

REAÇÕES QUÍMICAS E ENERGIA

REAÇÕES QUÍMICAS E ENERGIA
GLOSSÁRIO

ácido Substância que produz íons H^+ em solução. Ácidos neutralizam bases, dando água como produto.

base Substância que produz íons OH^- em solução. Bases neutralizam ácidos, dando água como produto.

catalisador Substância que aumenta a taxa de uma reação sem ser consumida pela reação.

célula voltaica Uma célula química que emprega uma reação química espontânea para produzir corrente elétrica.

eletrólise Uso de corrente elétrica para promover uma reação química que não ocorreria espontaneamente.

eletrólito Substância que produz uma solução com condutividade elétrica quando dissolvida em água.

energia cinética A energia associada ao movimento de um objeto ou partícula.

energia potencial A energia associada à posição (dentro de um campo) ou à composição de um objeto.

energia química A energia que pode ser obtida a partir de uma reação química quando os reagentes têm maior energia potencial do que os produtos.

energia térmica A energia associada ao movimento térmico aleatório de átomos e moléculas.

entropia Grandeza termodinâmica relacionada com a quantidade de energia dispersa numa substância a dada temperatura.

enzima Proteína que age como catalisador biológico alterando a taxa de uma reação bioquímica.

escala Kelvin Escala absoluta usada para medir a temperatura. Na escala Kelvin, a água congela a 273 K e ferve a 373 K. A temperatura mais baixa possível (à qual o movimento molecular cessa) é o zero na escala Kelvin.

exotérmica Reação que emite energia no ambiente.

filtração Processo de separação no qual um sólido é separado de um líquido por meio do uso de um recurso de filtração, como um funil ou um filtro de papel.

gás estufa Gás atmosférico transparente à luz visível, que absorve raios infravermelhos. Esses gases atmosféricos agem como o vidro de uma estufa, permitindo a entrada de luz, mas evitando a saída de energia calorífica. Os três gases estufa mais importantes da atmosfera terrestre são o vapor d'água, o dióxido de carbono e o metano.

hidrocarboneto Composto orgânico contendo apenas carbono e hidrogênio.

neutralização Reação química entre um ácido e uma base que produz tipicamente água e um sal.

óxido Composto que contém oxigênio.

óxidos de metais de transição Compostos que contêm um metal de transição e oxigênio.

precipitação Reação entre duas soluções na qual se forma um sólido (ou precipitado).

reação química Processo no qual os átomos de uma ou mais substâncias (os reagentes) se rearranjam de modo a formar diferentes substâncias (os produtos).

reagente Qualquer substância submetida a uma reação química. Numa reação, reagentes reagem e formam produtos.

termodinâmica O estudo da energia e de suas conversões de uma forma em outra.

EQUAÇÕES QUÍMICAS

Os químicos têm que se mover sem descontinuidades entre três mundos relacionados: o macroscópico, constituído pelo laboratório, com seus béqueres, provetas e tubos de ensaio; o mundo atômico e molecular, que não podemos ver, mas tentamos imaginar e compreender; e o mundo simbólico, que é como representamos o mundo atômico e molecular no papel. Uma equação química é uma maneira de representar simbolicamente as mudanças que ocorrem no mundo atômico e molecular. Essas mudanças são chamadas de reações químicas e com frequência (mas nem sempre) resultam em mudanças significativas no mundo macroscópico. Por exemplo, a queima de gás natural é uma reação química. Nessa reação, o gás metano combina-se com o oxigênio para formar dióxido de carbono e água. No mundo macroscópico, vemos a reação como uma chama azul em nosso fogão. No mundo molecular, as moléculas de metano combinam-se com as de oxigênio e se transformam em moléculas de dióxido de carbono e água. No mundo simbólico, representamos a reação com a seguinte equação química:

$$CH_4 + 2\ O_2 \rightarrow CO_2 + 2\ H_2O.$$

As equações químicas devem ser balanceadas: devem conter o mesmo número de cada tipo de átomo em ambos os lados da equação. Por quê? Porque numa reação química a matéria se conserva. Os átomos não podem simplesmente desaparecer ou se formar do nada.

NÚCLEO

Uma equação química é um modo de representar com precisão uma reação química, uma mudança na qual os átomos que compõem uma ou mais substâncias formam uma ou mais substâncias diferentes.

LIGAÇÕES QUÍMICAS

Reações químicas ocorrem à nossa volta o tempo todo. Por exemplo, carros são movidos a reações químicas; cozinhar envolve reações químicas; e o corpo abriga uma miríade de reações que nos permitem pensar, mover, comer e nos reproduzir. Uma equação química representa não só a identidade dos reagentes e produtos de uma reação química; ela nos possibilita também conhecer as relações quantitativas entre as partes que reagem.

TEMAS RELACIONADOS

LIGAÇÕES ENTRE OS ÁTOMOS
p. 28

REAÇÕES DE COMBUSTÃO E FONTES DE ENERGIA
p. 62

NEUTRALIZAÇÃO: ÁCIDOS E BASES
p. 64

DADOS BIOGRÁFICOS

ROBERT BOYLE
1627-1691
Químico anglo-irlandês que formulou algumas das primeiras ideias sobre reações químicas

ANTOINE LAVOISIER
1743-1794
Químico francês que forneceu importantes contribuições para nossa compreensão das reações químicas, especialmente a combustão

Textos por Nivaldo Tro

Assistimos a reações químicas, como a queima de gás natural, todos os dias.

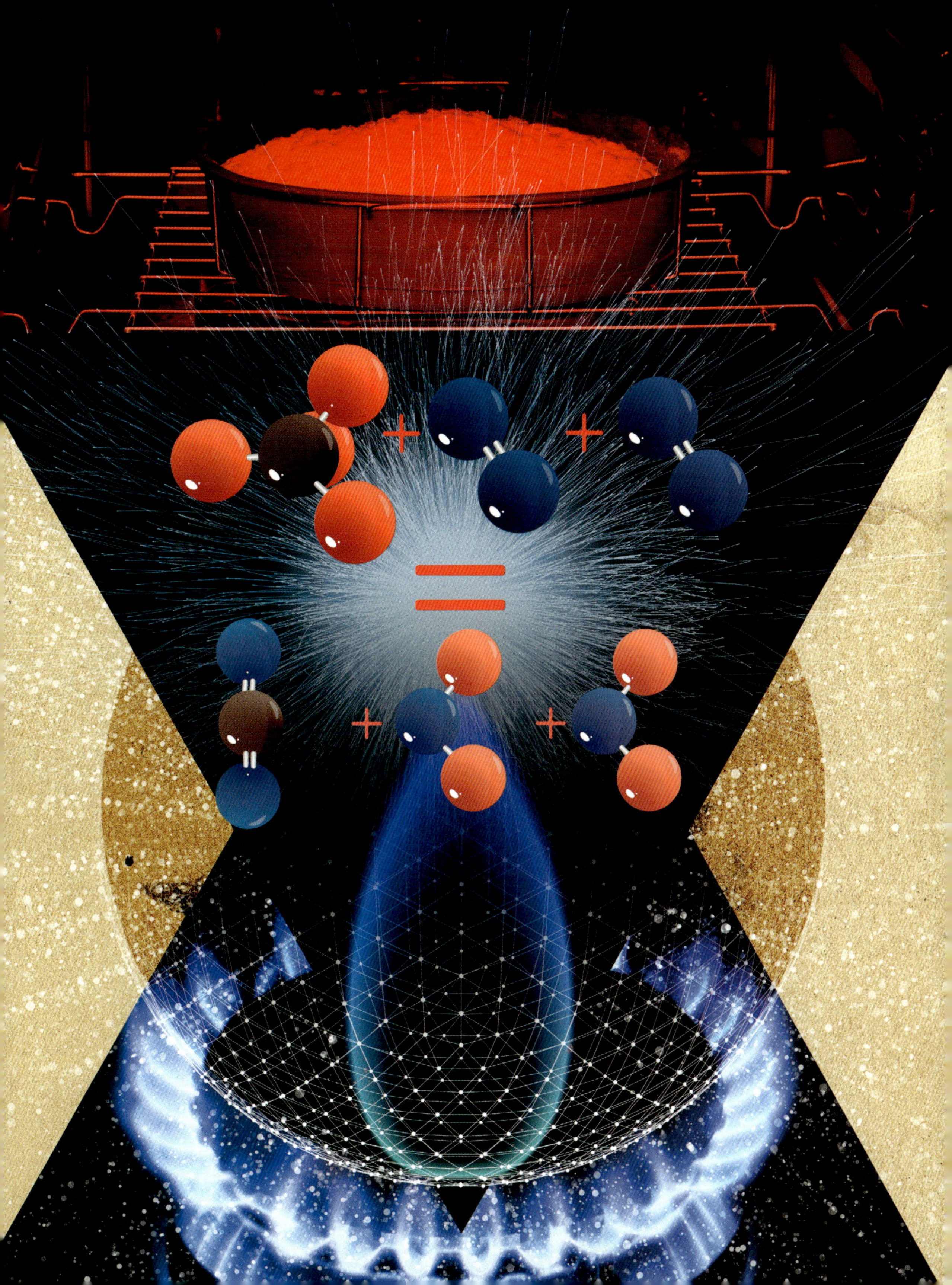

REAÇÕES DE COMBUSTÃO E FONTES DE ENERGIA

A primeira reação química que os humanos usaram foi a queima ou combustão. Numa reação de combustão, uma substância combina-se com oxigênio e costuma produzir dióxido de carbono, água e outros produtos óxidos. As reações de combustão são úteis, pois emitem calor – são exotérmicas. Certas moléculas, em especial os hidrocarbonetos, têm potencial muito alto de energia, que pode ser liberado na combustão. Por isso, a maioria dos combustíveis de nossa sociedade baseia-se em hidrocarbonetos. O gás natural é basicamente metano (CH_4). O gás liquefeito de petróleo (GLP) é uma mistura de propano (C_3H_8) e butano (C_4H_{10}). A gasolina é uma mistura de hidrocarbonetos, como o octano (C_8H_{18}), com cinco ou mais átomos de carbono. O carvão também integra nossa equação de energia: é principalmente composto de carbono e combina-se com o oxigênio para formar dióxido de carbono. Em conjunto, tais combustíveis são conhecidos como fósseis, pois se originam de vida vegetal e animal muito antiga. Mas a queima de combustíveis fósseis cria problemas. O mais grave é a emissão de dióxido de carbono, um gás estufa que afeta o clima da Terra. Desde a Revolução Industrial, os níveis de dióxido de carbono na atmosfera cresceram 38%, e a temperatura média global subiu cerca de 0,8°C.

NÚCLEO

A energia de nossa sociedade vem em grande parte da queima de combustíveis fósseis, que produzem imensa quantidade de energia ao serem queimados.

LIGAÇÕES QUÍMICAS

A energia é crucial para o padrão de vida de uma sociedade. Em geral, à medida que o padrão de vida se eleva, cresce também o consumo de energia. Mas nossas fontes atuais de energia estão minguando e criando problemas ambientais. A mudança para fontes alternativas de energia – como a energia solar e a eólica – tem sido lenta, mas constante. Os principais desafios das fontes alternativas de energia são o custo e a intermitência inerente.

TEMAS RELACIONADOS

EQUAÇÕES QUÍMICAS
p. 60

HIDROCARBONETOS
p. 106

DADOS BIOGRÁFICOS

ANTOINE LAVOISIER
1743-1794
Químico francês que forneceu importantes contribuições para nossa compreensão das reações químicas, especialmente a combustão

Textos por Nivaldo Tro

A combustão ou queima é comum na geração de energia e na indústria.

NEUTRALIZAÇÃO: ÁCIDOS E BASES

A maioria de nós experimenta os ácidos pelo gosto – são azedos. Frutas cítricas, vinagre, bebidas carbonatadas, iogurtes e alimentos agridoces, todos devem seu delicioso travo aos ácidos que contêm. Os químicos preferem não sentir o gosto em seu trabalho e com frequência definem os ácidos como substâncias químicas que produzem o íon de hidrogênio (H^+) quando dissolvidos em água. Se os ácidos são *yin*, então as bases são *yang*. As bases tendem a ter um gosto mais amargo e produzem hidróxido (OH^-) em água, a substância química oposta do H^+. Quando um ácido e uma base são misturados, o íon de hidrogênio combina-se com o íon de hidróxido para formar HOH (água):

$$H^+ + OH^- \rightarrow H_2O.$$

Esse tipo de reação química é chamado de neutralização. Se quantias iguais de H^+ e OH^- são misturadas, a solução resultante não conterá nenhum dos dois (porque todos os íons de H^+ e OH^- reagem para formar água) e não será ácida nem básica. O estômago usa o ácido clorídrico (HCl) para ajudar a digerir a comida. Se comemos demais, especialmente alimentos ácidos ou gordurosos, o estômago pode produzir HCl em excesso, o que causa desconforto (a chamada "acidez estomacal"). Para neutralizar o excesso de ácido, tomamos um antiácido, o qual é uma base, como hidróxido de alumínio ($Al(OH)_3$), hidróxido de magnésio ($Mg(OH)_2$) e carbonato de cálcio ($CaCO_3$), que neutraliza o excesso de acidez.

NÚCLEO
Ácidos produzem H^+ em água, enquanto as bases produzem OH^-. Um ácido e uma base reagem para produzir água, neutralizando-se mutuamente.

LIGAÇÕES QUÍMICAS
A escala de pH é usada para medir a acidez ou a basicidade de uma solução. Quanto mais baixo o valor do pH, mais alta a concentração de H^+ e mais ácida a solução. Quanto mais alto o valor do pH, mais alta a concentração de OH^- e mais básica a solução. A água pura é neutra e tem pH 7. O ácido estomacal tem pH 1,6; o suco de tomate, 4,2; a água do mar, 8,2; e o leite de magnésia ($Mg(OH)_2$), 10,4.

TEMAS RELACIONADOS
MOLÉCULAS POLARES E APOLARES
p. 36

SOLUÇÕES
p. 54

EQUAÇÕES QUÍMICAS
p. 60

DADOS BIOGRÁFICOS
SVANTE ARRHENIUS
1859-1927
Sueco ganhador do Prêmio Nobel de Química (1903), foi o primeiro a sugerir as definições de ácido/base dadas aqui

JOHANNES BRØNSTED E THOMAS MARTIN LOWRY
1879-1947 e 1874-1936
Químicos dinamarquês e britânico que definiram os ácidos e bases pela maneira como reagem

Textos por Jeff C. Bryan

Antiácidos contêm bases que neutralizam a acidez estomacal, fator causador da azia.

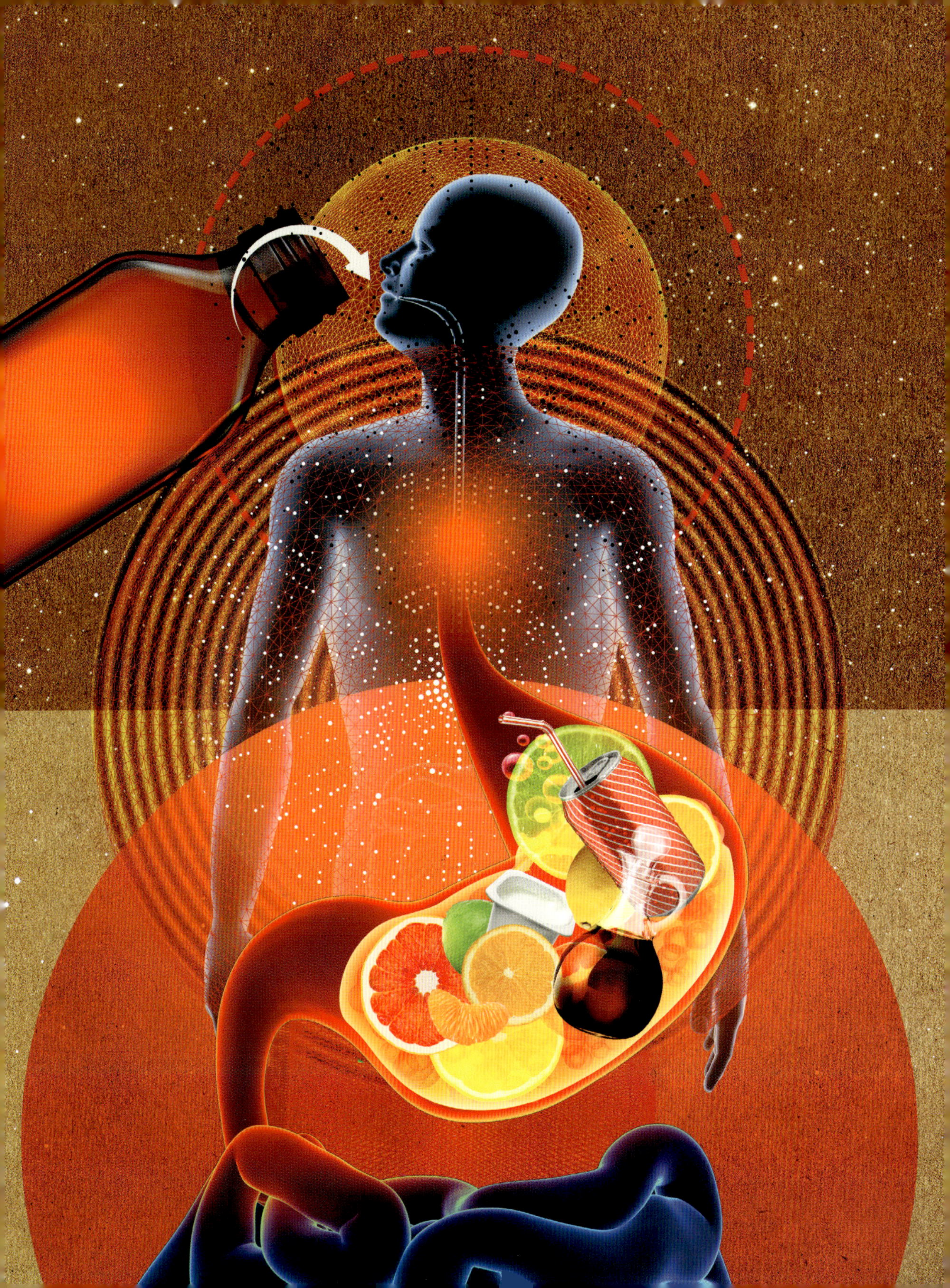

CRIAÇÃO DE SÓLIDOS: REAÇÕES DE PRECIPITAÇÃO

NÚCLEO
A reação de precipitação ocorre quando a atração entre dois íons é tão forte que eles formam um sólido.

LIGAÇÕES QUÍMICAS
As reações de precipitação são particularmente úteis quando é preciso remover algo de uma solução. Por exemplo, as estações de tratamento de água podem usar reações de precipitação para remover da água contaminantes indesejáveis. Quando uma reação química ocorre em uma solução em que o produto é insolúvel, ele sai da solução como um sólido e pode ser isolado por filtração.

Dois amigos saem à noite pela cidade, à procura de conhecer garotas. Um deles sente-se atraído por uma bela desconhecida. Depois que ficam juntos, esse amigo e a moça não se separam mais, pois a atração é muito forte. Eles não são mais vistos, perdem contato com os velhos amigos. Esse cenário é similar ao de um tipo particular de reação química chamado reação de precipitação. Quando dois ou mais íons se misturam em água, são atraídos de início para as moléculas de água próximas. Mas, conforme se movimentam (devido à energia térmica), os íons encontram-se uns com os outros e são atraídos. Se a atração é forte o suficiente, os dois vão ficar juntos e cair fora da solução (formar um sólido). Se a atração não for muito forte, os íons não vão se juntar e permanecerão em solução. Exemplos: quando prata (Ag^+) e cloreto (Cl^-) estão na mistura, eles se juntam e formam um precipitado sólido. No entanto, o sódio (Na^+) é muito menos atraído pelo cloreto, então os dois não formam um precipitado. O anel em volta da banheira – uma mancha que se forma quando a água tem muitos minerais – deve-se a uma reação de precipitação entre os íons da água e os íons do sabonete.

TEMAS RELACIONADOS
MOLÉCULAS POLARES E APOLARES
p. 36

ESTADO SÓLIDO
p. 48

CERÂMICA
p. 52

DADOS BIOGRÁFICOS
LINUS PAULING
1901-1994
Americano, ganhador do Prêmio Nobel de Química de 1954, ampliou nossa compreensão de como os átomos e moléculas se atraem mutuamente. Foi também ativista pela paz e ganhou em 1962 o Prêmio Nobel da Paz

Textos por Jeff C. Bryan

Num precipitado, um sólido se forma quando duas soluções líquidas se misturam.

USO DA QUÍMICA PARA GERAR ELETRICIDADE

Reações químicas nas quais os elétrons migram de uma substância química para outra são chamadas de reações de oxidorredução. Esse tipo de reação pode ser usado para gerar eletricidade ao dispor as substâncias químicas de tal modo que a substância que ganha elétrons (a que é reduzida e chamada de agente oxidante) não está em contato físico com a substância que perde elétrons (que está sendo oxidada e é chamada de agente redutor). Os elétrons são, então, obrigados a viajar por um circuito externo para irem do agente redutor ao agente oxidante. Esse arranjo é chamado de célula voltaica. As células voltaicas autocontidas – tanto em si mesmas como conectadas em série – funcionam como baterias. Produzem eletricidade. A bateria de chumbo-ácido, usada para dar a partida no motor de automóveis, é composta por seis células voltaicas contendo chumbo e óxido de chumbo imersos numa solução de ácido sulfúrico (bateria ácida). As baterias de células secas, como as das lanternas, usam zinco e dióxido de magnésio. Baterias tipo botão (usadas em calculadoras e relógios) também usam zinco, mas têm óxido de mercúrio ou óxido de prata como agente oxidante. As baterias de íon de lítio usam lítio entre planos de grafite como agente redutor e um óxido metálico de lítio como agente oxidante.

NÚCLEO

A perda de elétrons é oxidação, e o ganho de elétrons é redução; as reações que envolvem transferência de elétrons entre reagentes são chamadas de oxidorreduções ou de reações redox.

LIGAÇÕES QUÍMICAS

A corrosão resulta da oxidação de metais expostos a agentes oxidantes do ambiente. No caso do ferro, é o processo de ferrugem, que é uma forma hidratada do óxido de ferro (III), gerada quando o ferro fica exposto à umidade e ao oxigênio. A taxa de ferrugem depende da acidez do ambiente e da presença de eletrólitos para ajudar a transportar a corrente elétrica. Ter um metal de fácil oxidação (um eletrodo de sacrifício) em contato com o ferro pode retardar a ferrugem.

TEMA RELACIONADO

EQUAÇÕES QUÍMICAS
p. 60

DADOS BIOGRÁFICOS

MICHAEL FARADAY
1791-1867
Cientista inglês que desenvolveu o sistema de números de oxidação e cunhou muitos termos associados à eletroquímica

WALTHER HERMANN NERNST
1864-1941
Químico alemão que desenvolveu a equação para a relação entre concentração e voltagem

Textos por John B. Vincent

Baterias usam reações químicas que envolvem transferência de elétrons para produzir eletricidade.

TAXAS DE REAÇÃO E CINÉTICA QUÍMICA

Reações químicas ocorrem com velocidades ou taxas variadas. As explosões químicas se dão rapidamente, gerando grandes volumes de gás quente. Muitas substâncias químicas, porém, são estáveis; elas reagem tão lentamente que podem ser colocadas numa garrafa. Felizmente, as taxas (ou velocidades) em que as reações químicas ocorrem podem ser controladas – e o estudo desses processos é o campo da cinética química. Uma maneira de aumentar a taxa de uma reação é elevando a temperatura. Por essa razão, as reações no cozimento da comida acontecem mais rápido quanto mais alta for a temperatura. Aumentar a concentração das substâncias reagentes ou a área de superfície também aumenta as taxas das reações químicas. Você consegue segurar um prego de ferro na mão, mas, se ele for moído até virar um pó fino (aumentando muito sua área superficial), o ferro poderá explodir em chamas no ar. A concentração de muitas substâncias químicas em seu corpo pode ser cuidadosamente regulada para que você permaneça saudável. Seu corpo consegue isso regulando as taxas de uma ampla gama de reações químicas. As taxas das reações lentas são aceleradas por proteínas chamadas enzimas; essas moléculas biológicas são catalisadores (substâncias que mudam a taxa de uma reação química sem ser consumidas pela reação).

NÚCLEO

A taxa de uma reação química é a velocidade na qual ela ocorre e depende da concentração dos reagentes, da temperatura e da presença ou não de um catalisador.

LIGAÇÕES QUÍMICAS

Embora os gases nitrogênio e oxigênio sejam estáveis, à temperatura do motor de um carro eles reagem e produzem o gás óxido nítrico (NO), um poluente do ar que causa a chuva ácida e o *smog*. O NO é removido do escapamento de um carro por um conversor catalítico. No conversor, o escapamento passa por uma estrutura de alumínio similar a um favo de mel, impregnada de óxidos sólidos de metal de transição, que catalisam a conversão de NO de volta para O_2 e N_2.

TEMAS RELACIONADOS

EQUAÇÕES QUÍMICAS
p. 60

USO DA QUÍMICA PARA GERAR ELETRICIDADE
p. 68

DADOS BIOGRÁFICOS

JACOBUS HENRICUS VAN'T HOFF
1852-1911
Químico holandês ganhador do primeiro Prêmio Nobel de Química, em parte por determinar métodos gráficos para estabelecer que as taxas de reação dependem das concentrações dos reagentes

HENRY TAUBE
1915-2005
Químico americano, nascido no Canadá, ganhador do Prêmio Nobel de Química de 1983 por relacionar taxas de reações químicas à estrutura eletrônica

Textos por John B. Vincent

Controlar a rapidez com que uma reação química ocorre permite reduzir a poluição e criar novas moléculas.

1778
Nasce em Penzance, no sudoeste da Inglaterra

1795
Aprendiz de cirurgião e farmacêutico

1797
Estuda química lendo em francês o *Traité Élémentaire de Chimie*, do recém-guilhotinado Antoine Lavoisier

1798
Torna-se diretor do Instituto Pneumático Thomas Beddoes, em Bristol

1799
Prepara e inala óxido nitroso, que apelida de "gás hilariante"

1800
Publica *Researches, Chemical and Philosophical; chiefly concerning nitrous oxide or dephlogisticated nitrous air, and its respiration* [Pesquisas, químicas e filosóficas; relativas principalmente ao óxido nitroso ou ar nitroso desflogisticado, e sua respiração]

1800
Chega à Inglaterra a notícia da descoberta em 1796 por Alessandro Volta da bateria química, ou "pilha voltaica"

1801
Convidado a dar palestras na recém-formada Royal Institution, em Londres

1802
Nomeado professor de química na Royal Institution; logo constrói uma pilha voltaica gigante no porão

1807-1808
Usando a pilha voltaica, descobre seis elementos (sódio, potássio, cálcio, magnésio, estrôncio e bário) em dois anos

1810
"Descobre" e lança Michael Faraday numa carreira estelar na química

1812
Sagrado cavaleiro, casa-se, aposenta-se e, com a nova esposa e Faraday, viaja pela Europa, visitando os principais laboratórios

1815
Inventa a lâmpada de segurança para mineiros de carvão

1829
Após longo período debilitado, morre em Genebra, Suíça

HUMPHRY DAVY

Humphry Davy, "travesso, com pendor para explosões . . . um químico nato", passou a juventude pescando, caçando, contando histórias e escrevendo poesia. Na adolescência, adorava fogos de artifício e outras reações químicas explosivas. Foi aprendiz de cirurgião e farmacêutico, mas com relutância desistiu disso e se tornou diretor do Instituto Pneumático Thomas Beddoes, em Bristol. Esse laboratório, criado para estudar o efeito dos gases sobre a saúde humana, deu a Davy a oportunidade de preparar, caracterizar e purificar o óxido nitroso – que pesquisadores anteriores imaginavam ser o causador da peste. Davy não estava convencido disso e decidiu inalar um pouco para testar. O gás de cheiro adocicado não o levou à morte, mas ele descobriu que era muito inebriante. Os que partilhavam a experiência riam o tempo todo, e Davy apelidou a substância de "gás hilariante".

Em Bristol, Davy ficou amigo de uma série de intelectuais de várias áreas. A boa aparência, o charme pessoal e a habilidade em contar histórias, combinados com suas espantosas descobertas, fizeram dele um astro em ascensão. Embora ficasse claro que o laboratório Beddoes teria vida curta, Davy havia amadurecido e se tornara um excelente químico. Por sorte, logo encontrou uma nova área estimulante de estudo a partir da invenção por Alessandro Volta de uma bateria química, conhecida então como pilha voltaica. Uma das primeiras coisas que fez, bem característica dele, foi construir a própria pilha e testá-la tomando choques para medir sua eficácia.

Em 1801, foi convidado como palestrante da recém-fundada Royal Institution, em Londres, onde ministrou uma série de palestras muito concorridas, ilustradas por demonstrações de impacto. Era um homem jovem, bonito, com talento para lidar com plateias, e atraiu muita gente em suas palestras, incluindo as jovens damas da época. Uma de suas admiradoras admitiu que "aqueles olhos eram feitos para algo mais além de tentar decifrar enigmas". Dedicando-se à eletrólise de óxidos de metal, descobriu seis elementos (sódio, potássio, magnésio, cálcio, estrôncio e bário) em dois anos (1807-08) e se tornou o químico mais proeminente de seu tempo.

Seu pendor para a autoexperimentação causou-lhe ferimentos debilitantes que o levaram a contratar Michael Faraday como seu assistente. Davy costumava dizer que Faraday era sua "descoberta" mais importante. Em 1812, foi sagrado cavaleiro, casou-se e embarcou no Grand Tour pela Europa. Ao voltar, inventou a lâmpada de segurança para mineiros de carvão, que salvou muitas vidas. No último terço de sua vida, ficou praticamente inválido e morreu logo após completar 50 anos. Mesmo assim, em sua curta e animada vida, foi um dos melhores praticantes e porta-vozes da nova ciência da química.

Glen E. Rodgers

ENERGIA E A PRIMEIRA LEI DA TERMODINÂMICA

O universo tem uma grandeza chamada energia. Os objetos podem possuí-la e transferi-la a outros objetos, mas ela não pode ser criada nem destruída. A quantidade total de energia que existe é constante. Esse princípio é conhecido como primeira lei da termodinâmica (a rigor, teríamos massa/energia como constante, mas aqui simplificamos um pouco). Definimos energia como a capacidade que um objeto tem de exercer uma força sobre outro objeto a determinada distância. Por exemplo, um carro em movimento tem energia porque é capaz de atingir outro objeto e exercer uma força nele ao longo de certa distância. A energia pode vir de muitas formas. O carro em movimento tem energia cinética, que é a energia associada ao movimento. Todas as substâncias acima de zero kelvin têm energia térmica, um tipo de energia cinética associado ao movimento aleatório, dependente de temperatura, das partículas que compõem a substância. Quanto mais alta a temperatura, maior a energia térmica. O livro que você tem nas mãos contém energia potencial, a energia associada à posição de um objeto. Substâncias químicas têm energia química, um tipo de energia potencial associado às posições de todos os seus elétrons e prótons. A energia pode ser transferida ou trocada, mas, segundo a primeira lei, nunca criada ou destruída.

NÚCLEO
A energia pode ser transferida ou trocada, mas, segundo a primeira lei da termodinâmica, nunca pode ser criada ou destruída.

LIGAÇÕES QUÍMICAS
A primeira lei da termodinâmica leva à conclusão de que a energia não pode surgir do nada. Toda tentativa humana de criar energia a partir do nada falhou. A lei, é claro, não impediu que os humanos tentassem. Mas, pelo que se sabe, a criação espontânea de energia é impossível. Em outras palavras, na questão da energia, você não pode sair vencedor – não dá para obter algo em troca de nada.

TEMAS RELACIONADOS
ENTROPIA E A SEGUNDA LEI DA TERMODINÂMICA
p. 76

ENTROPIA E A TERCEIRA LEI DA TERMODINÂMICA
p. 78

ENTROPIA E PROCESSOS ESPONTÂNEOS
p. 80

DADOS BIOGRÁFICOS
RUDOLF CLAUSIUS
1822–1888
Físico alemão que formulou uma das primeiras versões da primeira lei da termodinâmica

Textos por Nivaldo Tro

O motor a vapor é alimentado pela energia transferida pela queima de um combustível.

ENTROPIA E A SEGUNDA LEI DA TERMODINÂMICA

NÚCLEO
Em todos os processos espontâneos, a entropia sempre aumenta.

LIGAÇÕES QUÍMICAS
A segunda lei da termodinâmica implica que uma máquina de movimento perpétuo – que se mantenha em movimento sempre sem necessidade de receber energia – não tem existência possível. A cada ciclo de movimento da máquina, alguma energia deve ser dispersada a fim de que o movimento possa ocorrer. Como resultado, a energia da máquina deve necessariamente decrescer com o tempo, e ela acabará parando.

Vimos que nas transações de energia você não pode sair vencedor – não dá para obter energia a partir do nada. Pior ainda – você nem sequer empata. Em nosso universo, a energia sempre se espalha ou se randomiza o quanto possível. A segunda lei da termodinâmica descreve essa tendência geral: em qualquer processo espontâneo, a quantidade chamada entropia (que você pode conceber como uma medida da randomização ou da dispersão da energia) sempre aumenta. Você experimenta a segunda lei toda vez que segura uma bebida quente. A energia térmica na bebida se dispersa no ambiente – a bebida esfria espontaneamente (e o ar em volta da bebida se aquece um pouco). Imagine um universo em que a bebida quente ficasse mais quente (e o ambiente um pouco mais frio) conforme a energia fosse transferida do ambiente para a bebida! Isso não é possível, diz a segunda lei. Ela implica que, em qualquer transação de energia, alguma energia deve ser dispersada para que a reação ocorra. Ou seja, a natureza sempre cobra uma taxa de calor. Por exemplo, recarregar uma bateria sempre vai exigir mais energia do que a quantidade de energia que você consegue usar enquanto ela se descarrega. A segunda lei é assim – em se tratando de energia, você não consegue nem empatar.

TEMAS RELACIONADOS
ENERGIA E A PRIMEIRA LEI DA TERMODINÂMICA
p. 74

ENTROPIA E A TERCEIRA LEI DA TERMODINÂMICA
p. 78

ENTROPIA E PROCESSOS ESPONTÂNEOS
p. 80

DADOS BIOGRÁFICOS
NICOLAS LÉONARD SADI CARNOT
1796-1832
Físico francês importante para o desenvolvimento da termodinâmica

RUDOLF CLAUSIUS
1822-1888
Físico alemão que foi crucial para a formulação da segunda lei da termodinâmica

Textos por Nivaldo Tro

De acordo com a segunda lei da termodinâmica, é impossível criar uma máquina de movimento perpétuo.

ENTROPIA E A TERCEIRA LEI DA TERMODINÂMICA

De acordo com a primeira lei da termodinâmica, você não pode ganhar – não pode obter algo a partir de nada. De acordo com a segunda lei, você nem sequer empata – toda transação de energia necessariamente resulta numa perda para o ambiente. De acordo com a terceira lei da termodinâmica, você não pode abandonar a partida. No caso da termodinâmica, "sair do jogo" significa ir para o nível mais baixo possível de temperatura, zero kelvin ou zero absoluto. O zero absoluto é a temperatura à qual o movimento atômico e molecular essencialmente para. A terceira lei da termodinâmica afirma que a entropia de um cristal perfeito é zero, a zero kelvin. Essa lei tem duas implicações. A primeira é que a entropia, ao contrário de outras grandezas termodinâmicas, pode ser medida numa escala absoluta. Todos os cristais perfeitos têm entropia zero a zero kelvin. Conforme a temperatura aumenta, a energia é dispersada no cristal, e sua temperatura e entropia aumentam. A segunda implicação é que o zero absoluto nunca pode ser alcançado num número finito de passos. Seriam necessários infinitos passos de resfriamento para se chegar ao zero absoluto de temperatura, por isso ele nunca pode ser alcançado.

NÚCLEO
A entropia absoluta de um cristal perfeito a zero grau kelvin é zero.

LIGAÇÕES QUÍMICAS
Entropia é a medida da energia dispersa num sistema por unidade de temperatura. Por essa razão, dispersar a mesma quantidade de energia num sistema a uma temperatura mais fria produz maior entropia do que dispersar essa energia num sistema mais quente. Como veremos na próxima seção, essa é a razão pela qual o gelo derrete acima de seu ponto de fusão, mas não abaixo dele.

TEMAS RELACIONADOS

ENERGIA E A PRIMEIRA LEI DA TERMODINÂMICA
p. 74

ENTROPIA E A SEGUNDA LEI DA TERMODINÂMICA
p. 76

ENTROPIA E PROCESSOS ESPONTÂNEOS
p. 80

DADOS BIOGRÁFICOS
WALTHER HERMANN NERNST
1864-1941
Químico alemão que formulou a terceira lei da termodinâmica e ganhou o Prêmio Nobel de Química em 1920 por seu trabalho

Textos por Nivaldo Tro

A terceira lei da termodinâmica, como formulada por Walther Nernst, implica que o zero absoluto de temperatura é impossível de ser alcançado.

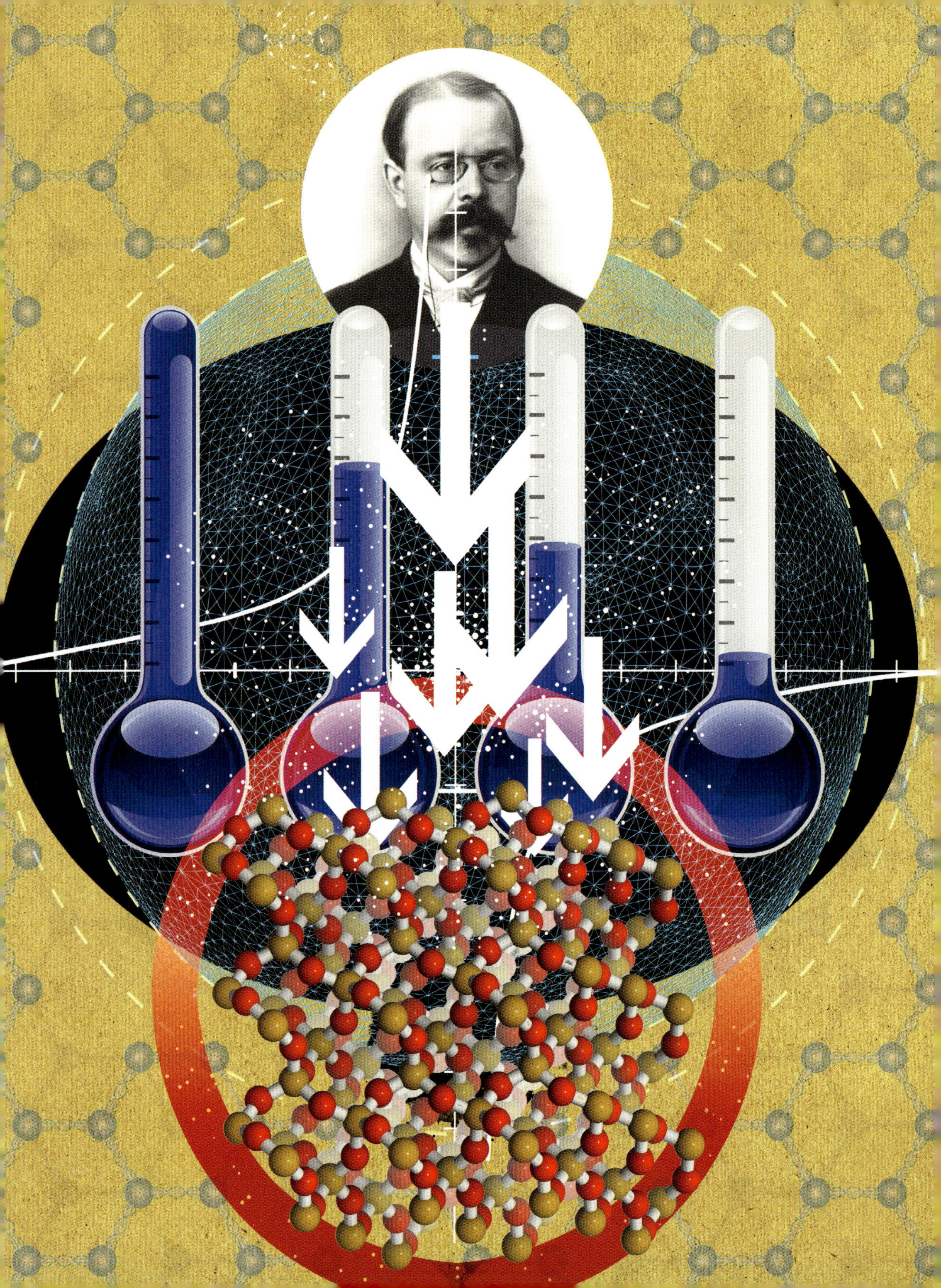

ENTROPIA E PROCESSOS ESPONTÂNEOS

O critério para determinar se um processo qualquer vai ocorrer é simples: ele resultará num aumento da entropia? Examinemos o congelamento da água. Ela congela espontaneamente abaixo de 0°C (32°F). Por quê? Quando a água congela, suas moléculas ficam mais organizadas, e a energia que contêm torna-se menos randomizada – sua entropia diminui. Como afirmar então que esse processo é espontâneo? Porque quando a água congela, ela libera calor (há dispersão de energia) e o aumento resultante da entropia no ambiente é dependente da temperatura. Uma analogia simples permite entender melhor. Se você dá mil reais a uma pessoa pobre, aumenta de modo significativo suas posses. Mas se der essa mesma quantia a um rico, o impacto será mínimo. Similarmente, se você dispersa determinada quantidade de energia em um ambiente frio, aumenta significativamente sua entropia, mas, ao dispersar a mesma quantidade num ambiente quente, o aumento será menor. Quando o congelamento da água ocorre abaixo de 0°C, o calor liberado é suficiente para aumentar a entropia do ambiente de uma maneira que mais do que compensa a diminuição de entropia das próprias moléculas de água, resultando num aumento geral da entropia do universo e, portanto, num processo espontâneo.

NÚCLEO

Um processo é espontâneo se ele aumenta a entropia (dispersão de energia) do universo.

LIGAÇÕES QUÍMICAS

Processos que resultam em uma diminuição da entropia não são impossíveis, mas simplesmente não ocorrem de forma espontânea. O ferro reage espontaneamente com oxigênio para formar óxido de ferro (ferrugem). Esse processo causa um aumento da entropia no universo. No entanto, o óxido de ferro pode ser revertido para ferro. Na realidade, na manufatura do metal de ferro a partir de óxido de ferro é isso o que ocorre.

TEMAS RELACIONADOS

ENERGIA E A PRIMEIRA LEI DA TERMODINÂMICA
p. 74

ENTROPIA E A SEGUNDA LEI DA TERMODINÂMICA
p. 76

ENTROPIA E A TERCEIRA LEI DA TERMODINÂMICA
p. 78

DADOS BIOGRÁFICOS

JOSIAH WILLARD GIBBS
1839-1903
Físico americano que desenvolveu os principais critérios da espontaneidade de um processo

LUDWIG EDUARD BOLTZMANN
1844-1906
Físico austríaco que desenvolveu uma descrição estatística da segunda lei da termodinâmica

Textos por Nivaldo Tro

Quando o gelo derrete a uma temperatura acima da de seu ponto de fusão, a entropia do universo aumenta.

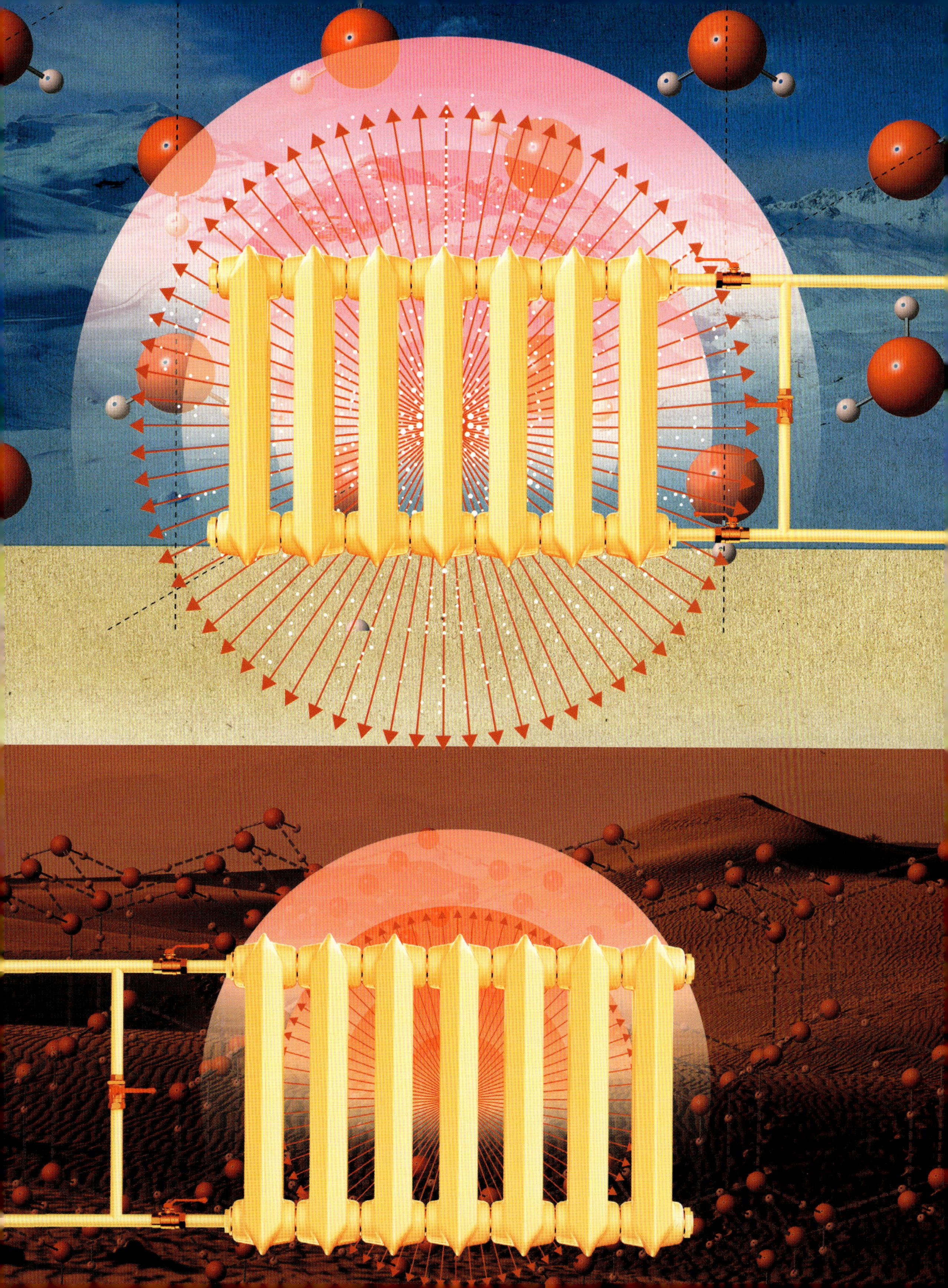

QUÍMICA INORGÂNICA

QUÍMICA INORGÂNICA
GLOSSÁRIO

alótropos Duas ou mais formas do mesmo elemento, com diferentes estruturas (e, portanto, diferentes propriedades).

átomos concatenados Átomos ligados para formar uma cadeia.

célula de combustível Célula eletroquímica que produz corrente elétrica a partir da introdução contínua de um combustível.

CFCs Clorofluorcarbonos. Esses compostos eram comuns no ar-condicionado e na refrigeração, mas hoje são proibidos devido a seu efeito danoso para a camada de ozônio da Terra.

complexo (complexo de metais de transição) Composto ou íon que consiste num metal de transição vinculado a um ou mais ligantes.

cores complementares Duas cores que se situam opostas num disco de cores. Cores complementares são muito contrastantes.

disco de cores Círculo com as diferentes cores, mostrando como se relacionam. Pode ser usado para prever a cor de um objeto com base nas cores que absorve.

elétrons de valência Os elétrons de mais alta energia do átomo (e, portanto, os mais importantes na ligação).

espectro eletromagnético Faixa de frequências de radiação eletromagnética delimitada por ondas de rádio de baixa frequência e raios gama de alta frequência.

estado de oxidação A carga que um átomo teria num composto químico se todos os seus elétrons de ligação fossem atribuídos ao átomo mais eletronegativo (o átomo que atrai mais fortemente os elétrons).

estratosfera Camada da atmosfera que começa a cerca de 10 quilômetros acima da superfície da Terra e fica entre a troposfera (embaixo) e a mesosfera (acima).

fotossíntese Processo por meio do qual as plantas convertem dióxido de carbono, água e luz solar em glicose e oxigênio.

fulerenos Moléculas de carbono dotadas de estruturas esféricas, tubulares ou similares.

grafeno Uma forma de carbono que consiste em uma lâmina de átomos de carbono com a espessura de um átomo.

grafite Uma forma de carbono composta por átomos de carbono unidos em camadas, dispostas umas sobre as outras.

íons Zintl Aglomerados iônicos de elementos do grupo principal.

ligante Molécula ou íon que doa um par de elétrons a um íon metálico central num complexo de metal de transição.

metais de transição Metais encontrados no grande bloco central da tabela periódica (o bloco d). Os metais de transição (em contraste com o grupo principal de metais) tendem a ter propriedades menos previsíveis a partir de sua posição exata na tabela periódica.

metaloide Elemento que fica no limite entre os metais e não metais na tabela periódica. Os metaloides têm propriedades intermediárias entre metais e não metais.

prisma Elemento óptico transparente, usualmente de formato triangular e que pode refratar os diferentes comprimentos de onda da luz em ângulos diferentes. Ao atravessar um prisma, a luz branca é dividida em suas cores constituintes.

propriedade catalítica Capacidade de agir como catalisador (isto é, substância que aumenta a taxa da reação química sem ser consumida pela reação).

reagente Substância que sofre uma reação química. Numa reação, os reagentes reagem para formar produtos.

rede de difração Superfície com uma série de sulcos equidistantes gravados a curta distância, que reflete vários comprimentos de onda a diferentes ângulos. Tais redes dividem a luz branca em suas cores constituintes.

silicato Composto contendo silício, oxigênio e, às vezes, átomos de metal. Os silicatos formam estruturas de redes covalentes, com elevados pontos de fusão.

substrato Molécula sobre a qual age uma enzima (um catalisador biológico).

teoria do campo cristalino (ou teoria do campo ligante) Uma teoria de ligações da química inorgânica, na qual ligantes doam um par de elétrons para um íon metálico central.

O PRINCÍPIO DA SINGULARIDADE

A tabela periódica tem uma linha divisória que nunca é assinalada. Essa linha invisível ocorre entre a segunda e a terceira fileiras, onde o boro encontra o alumínio, o carbono encontra o silício e assim por diante, até o flúor encontrar o cloro. Os elementos acima dessa linha não podem formar ligações com tantos átomos quanto os que ficam abaixo dela, limitando-se rigorosamente a um total de oito elétrons de "valência" ou elétrons no nível da ligação. Assim, enquanto o oxigênio forma com ele mesmo o monóxido e os dióxidos (ou seja, O_2 e O_3), o enxofre, o selênio e o telúrio formam mono-, di- e trióxidos, dos quais SO, SO_2 e SO_3 são exemplos. Similarmente, o nitrogênio forma o tricloreto NCl_3, e o enxofre, o arsênio e o antimônio formam tri- e pentacloretos, como PCl_3 e PCl_5. No entanto, ao contrário de elementos posteriores, os não metais da segunda fileira são pequenos o suficiente para formar fortes ligações múltiplas, qualidade que lhes permite constituir moléculas compactas, nas quais um elemento mais pesado iria formar uma estrutura estendida de átomos ligados. O carbono, por exemplo, forma os óxidos CO e CO_2, com ligações triplas e duplas, enquanto suas contrapartidas mais pesadas – silício, germânio, estanho e chumbo – reagem com o oxigênio e formam sólidas redes tridimensionais, mantidas coesas exclusivamente por ligações simples.

NÚCLEO
Elementos na segunda fileira da tabela periódica comportam-se de modo diferente dos elementos mais pesados, pois formam fortes ligações múltiplas e são limitados a oito elétrons de valência.

LIGAÇÕES QUÍMICAS
Uma consequência do princípio da singularidade é que as atmosferas planetárias consistem basicamente de elementos da primeira e da segunda fileiras. A atmosfera terrestre é composta principalmente de nitrogênio e oxigênio; a atmosfera de Marte, de CO_2; e as dos gigantes gasosos, de hidrogênio, hélio, CH_4 e NH_3. Em contraste com isso, as crostas planetárias de planetas como Terra e Marte contêm grandes quantidades de minerais silicatos, muitos dos quais com cadeias, camadas e redes 3D unidas por ligações simples de silício-oxigênio.

TEMAS RELACIONADOS

PADRÕES PERIÓDICOS
p. 26

O MODELO DE LEWIS PARA LIGAÇÕES QUÍMICAS
p. 32

CARBONO: NÃO É SÓ PARA LÁPIS
p. 96

DADOS BIOGRÁFICOS
VICTOR GOLDSCHMIDT
1888-1947
Químico de cristais suíço que classificou os elementos por suas localizações geológicas predominantes

THOM H. DUNNING JR.
1943-
Químico americano que explicou as anomalias da primeira fileira em termos de ligações de pares reacoplados

Textos por Stephen Contakes

Os elementos da segunda fileira são singulares – muito diferentes dos elementos que ficam abaixo deles na tabela periódica.

1	2	3	4	5	6	7	8	9	10	11	12	13	14	15	16	17	18
1 H Hidrogênio 1.00794																	2 He Hélio 4.002602
3 Li Lítio 6.941	4 Be Berílio 9.012182											5 B Boro 10.811	6 C Carbono 12.0107	7 N Nitrogênio 14.0067	8 O Oxigênio 1.00794	9 F Flúor 18.9984032	10 Ne Neônio 20.1797
11 Na Sódio 22.98976928	12 Mg Magnésio 24.305											13 Al Alumínio 26.9815386	14 Si Silício 28.0855	15 P Fósforo 30.973762	16 S Enxofre 32.065	17 Cl Cloro 35.453	18 Ar Argônio 39.948
19 K Potássio 39.0983	20 Ca Cálcio 40.078	21 Sc Escândio 44.9559	22 Ti Titânio 1.00794	23 V Vanádio 50.9415	24 Cr Crômio 51.9967	25 Mn Manganês 54.938045	26 Fe Ferro 55.845	27 Co Cobalto 58.933195	28 Ni Níquel 58.6934	29 Cu Cobre 63.546	30 Zn Zinco 65.38	31 Ga Gálio 69.723	32 Ge Germânio 72.64	33 As Arsênio 74.9216	34 Se Selênio 78.96	35 Br Bromo 79.904	36 Kr Criptônio 83.798
37 Rb Rubídio 85.4678	38 Sr Estrôncio 87.62	39 Y Ítrio 88.90585	40 Zr Zircônio 92.9063	41 Nb Nióbio 92.9063	42 Mo Molibdênio 95.96	43 Tc Tecnécio [98]	44 Ru Rutênio 101.07	45 Rh Ródio 102.9055	46 Pd Paládio 106.42	47 Ag P rata 107.8682	48 Cd Cádmio 112.411	49 In Índio 114.818	50 Sn Estanho 118.71	51 Sb Antimônio 121.76	52 Te Telúrio 127.6	53 I Iodo 126.90447	54 Xe Xenônio 131.293
55 Cs Césio 132.9054519	56 Ba Bário 137.327	57-71 Lantanídios	72 Hf Háfnio 1.00794	73 Ta Tântalo 180.94788	74 W Tungstênio 183.84	75 Re Rênio 186.207	76 Os Ósmio 190.23	77 Ir Irídio 192.217	78 Pt Platina 195.084	79 Au Ouro 196.966569	80 Hg Mercúrio 200.59	81 Ti Tálio 204.3833	82 Pb Chumbo 207.2	83 Bi Bismuto 208.9804	84 Po Polônio [209]	85 At Astato [210]	86 Rn Radônio [222]
87 Fr Frâncio [223]	88 Ra Rádio [226]	89-103 Actinídios	104 Rf Rutherfórdio [267]	105 Db Dúbnio [268]	106 Sg Seabórgio [271]	107 Bh Bóhrio [272]	108 Hs Hássio [270]	109 Mt Meitnério [276]	110 Ds Darmstádio [281]	111 Rg Roentgênio [280]	112 Cn Copernício [285]	113 Nh Nipônio [284]	114 Fl Fleróvio [289]	115 Mc Moscóvio [289]	116 Lv Livermório [293]	117 Ts Tennessínio [294]	118 Og Oganessônio [294]

57 La Lantânio 138.90547	58 Ce Cério 140.116	59 Pr Praseodímio 140.90765	60 Nd Neodímio 144.242	61 Pm Promécio [145]	62 Sm Samário 150.36	63 Eu Európio 151.964	64 Gd Gadolínio 157.25	65 Tb Térbio 158.9253	66 Dy Disprósio 162.5	67 Ho Hólmio 164.93032	68 Er Érbio 167.259	69 Tm Túlio 168.93421	70 Yb Itérbio 173.054	71 Lu Lutécio 174.9668
89 Ac Actínio [227]	90 Th Tório 232.03806	91 Pa Protactínio 140.90765	92 U Urânio 238.02891	93 Np Neptúnio [237]	94 Pu Plutônio [244]	95 Am Amerício [243]	96 Cm Cúrio [247]	97 Bk Berquélio [247]	98 Cf Califórnio [251]	99 Es Einstênio [252]	100 Fm Férmio [257]	101 Md Mendelévio [258]	102 No Nobélio [262]	103 Lr Lawrencium [262]

COR

Quando a luz branca passa por um prisma, é dispersada num espectro de cores. As cores vão do vermelho, nas frequências mais baixas, passando por laranja, amarelo, verde e azul, até chegar finalmente ao violeta, na frequência mais alta. As substâncias que absorvem todas as frequências de luz visível aparecem pretas, e as que refletem todas as frequências da luz visível aparecem brancas. Para um observador, objetos coloridos parecem ter cor porque absorvem certas frequências (ou comprimentos de onda) da luz visível, ao mesmo tempo que refletem ou transmitem (permitem a passagem de) outras. A cor que uma substância tem depende das frequências que são absorvidas. Em geral, uma substância parecerá ter a cor complementar da absorvida (e oposta a ela no disco de cores). Por exemplo, uma substância que apareça amarela absorve a luz violeta (complementar do amarelo). Complexos de metais de transição costumam ser profusamente coloridos, porque absorvem com intensidade certas frequências de luz na região visível. Esses complexos tendem a ter orbitais externos não preenchidos que podem receber um elétron estimulado por frequências específicas da luz visível. A cor absorvida depende das separações entre os orbitais "d", que por sua vez dependem dos ligantes acoplados ao metal.

NÚCLEO
Objetos coloridos parecem ter cor porque absorvem algumas frequências da luz visível e refletem ou transmitem as demais.

LIGAÇÕES QUÍMICAS
Nossos olhos podem detectar uma estreita faixa de frequências no espectro eletromagnético. Essa faixa de frequências é responsável por todas as cores que vemos. O cérebro humano evoluiu de modo a usar a cor como uma maneira de ajudar a distinguir uma substância de outra. Os modernos espectrômetros, que medem com precisão as frequências absorvidas pelas substâncias, estão entre as ferramentas científicas mais poderosas para identificação de substâncias.

TEMAS RELACIONADOS
QUÍMICA DE CLUSTERS
p. 90

CATALISADORES DE METAIS DE TRANSIÇÃO
p. 92

DADOS BIOGRÁFICOS
ALFRED WERNER
1866-1919
Químico suíço nascido na Alsácia que ganhou o Prêmio Nobel de Química de 1913 por prever a estrutura tridimensional de vários complexos de metais de transição antes dos modernos métodos estruturais

JOHN HASBROUCK VAN VLECK
1899-1980
Físico americano que ganhou o Prêmio Nobel de Física de 1977 e foi crucial no desenvolvimento da teoria do campo cristalino, precursora da teoria do campo ligante

Textos por John B. Vincent

A luz branca se divide em suas cores componentes quando atravessa um prisma.

QUÍMICA DE CLUSTERS

Em algumas moléculas, íons e materiais, os elétrons que unem os átomos são compartilhados num agregado de átomos. Por exemplo, alguns metais e metaloides podem ser reduzidos a fragmentos de metais solúveis, e muitos metais de transição formam agregados ou clusters quando combinados com cloro, enxofre ou monóxido de carbono sob condições adequadas. Alguns desses últimos agregados catalisam reações comercialmente importantes, mas nenhuma encontrou ainda um uso industrial. Os clusters podem existir como unidades discretas ou ficar unidos numa rede. Por exemplo, o $MoCl_2$ sólido consiste em clusters octaédricos de $Mo_6Cl_8^{4+}$ ligados por íons Cl^- interpostos. Mas, quando aquecidos na presença de cloro adicional, as conexões se rompem e produzem unidades discretas de $Mo_6Cl_{14}^{2-}$. A proporção entre elétrons e átomos num cluster afeta seu formato. Quando os clusters têm apenas elétrons suficientes para se manter unidos, assumem a forma mais compacta possível – a do menor poliedro capaz de acomodar todos os átomos essenciais. Em contraste, os clusters com mais elétrons tendem a se abrir e assumir o formato de poliedros maiores com vértices não ocupados, gerando clusters que às vezes parecem um ninho molecular ou uma teia.

NÚCLEO

Clusters (agregados atômicos) se formam quando átomos e íons compartilham elétrons e se juntam num formato poliédrico.

LIGAÇÕES QUÍMICAS

Muitas das reações mais importantes para a vida na Terra são facilitadas por clusters contendo metais situados no interior de proteínas. Por exemplo, clusters contendo ferro e enxofre facilitam a movimentação de elétrons através de vários sistemas biológicos, como as cadeias respiratórias que as células usam para obter energia ao converter oxigênio em água. Na fotossíntese, as plantas invertem esse processo, obtendo ainda mais energia da luz solar para produzir oxigênio num cluster que contém quatro íons de magnésio e um íon de cálcio.

TEMAS RELACIONADOS

ONDE FICAM OS ELÉTRONS DENTRO DO ÁTOMO
p. 24

O MODELO DE LEWIS PARA LIGAÇÕES QUÍMICAS
p. 32

NANOTECNOLOGIA
p. 98

DADOS BIOGRÁFICOS

WILLIAM N. LIPSCOMB
1919-2011
Químico americano, pioneiro no estudo da estrutura e ligações em clusters de borano

KENNETH WADE
1932-2014
Químico britânico que desenvolveu as "Regras de Wade" para a predição dos formatos e da estabilidade de clusters

Textos por Stephen Contakes

Compostos de clusters têm formatos poliédricos e propriedades peculiares.

CATALISADORES DE METAIS DE TRANSIÇÃO

NÚCLEO
Compostos de metais de transição facilitam reações químicas entre pequenas moléculas, que se ligam ao metal, sofrem rearranjo e são liberadas como novos produtos.

LIGAÇÕES QUÍMICAS
Muitos processos biológicos e industriais envolvem metais de transição atuando como catalisadores, isto é, como substâncias que aceleram reações químicas sem sofrer alterações. Sem os metais catalisadores, não poderíamos usar o oxigênio que respiramos ou produzir comida suficiente para sustentar os atuais níveis populacionais. Talvez nem estivéssemos mais por aqui hoje, porque uma das hipóteses sobre a origem da vida envolve a catálise por minerais de ferro.

Muitos produtos químicos industriais são obtidos pela combinação de pequenas moléculas orgânicas ou substratos com catalisadores compostos por metais de transição (como cobalto, cromo ou ferro), que se unem a pequenas moléculas chamadas ligantes. Nesses processos, os metais aceleram as reações entre os substratos, atuando como plataformas onde os substratos podem se unir e depois se romper em fragmentos moleculares menores, rearranjar o modo como seus átomos se ligam e formar novas ligações com outros substratos. As novas moléculas e fragmentos resultantes podem ser então libertados do metal para gerar os produtos da reação e regenerar o complexo metálico original. Na realidade, do ponto de vista do metal, o processo todo envolve uma série cíclica de reações, ou "ciclo catalítico", no qual o complexo de metal soma reagentes e libera produtos. Alguns metais catalisadores não precisam sequer ligar seus substratos, agindo em vez disso para fazer circular os elétrons. Por exemplo, alguns agregados biológicos de ferro facilitam o movimento de elétrons entre os reagentes, ganhando um elétron de um substrato e transferindo-o a outro. Alguns complexos obtêm energia da luz, usando-a para empurrar elétrons para dentro ou para fora de moléculas, gerando intermediários instáveis que então reagem rapidamente com outras moléculas próximas.

TEMAS RELACIONADOS

TAXAS DE REAÇÃO E CINÉTICA QUÍMICA
p. 70

COR
p. 88

AMINOÁCIDOS E PROTEÍNAS
p. 128

DADOS BIOGRÁFICOS
HUMPHRY DAVY
1778-1829
Químico britânico que descobriu que a platina era útil como catalisador heterogêneo

KARL ZIEGLER e GIULIO NATTA
1898-1973 e 1903-1979
Químicos alemão e italiano que desenvolveram um catalisador para produzir plásticos comerciais com propriedades específicas

Textos por Stephen Contakes

Compostos de metais de transição podem atuar na catálise de reações químicas.

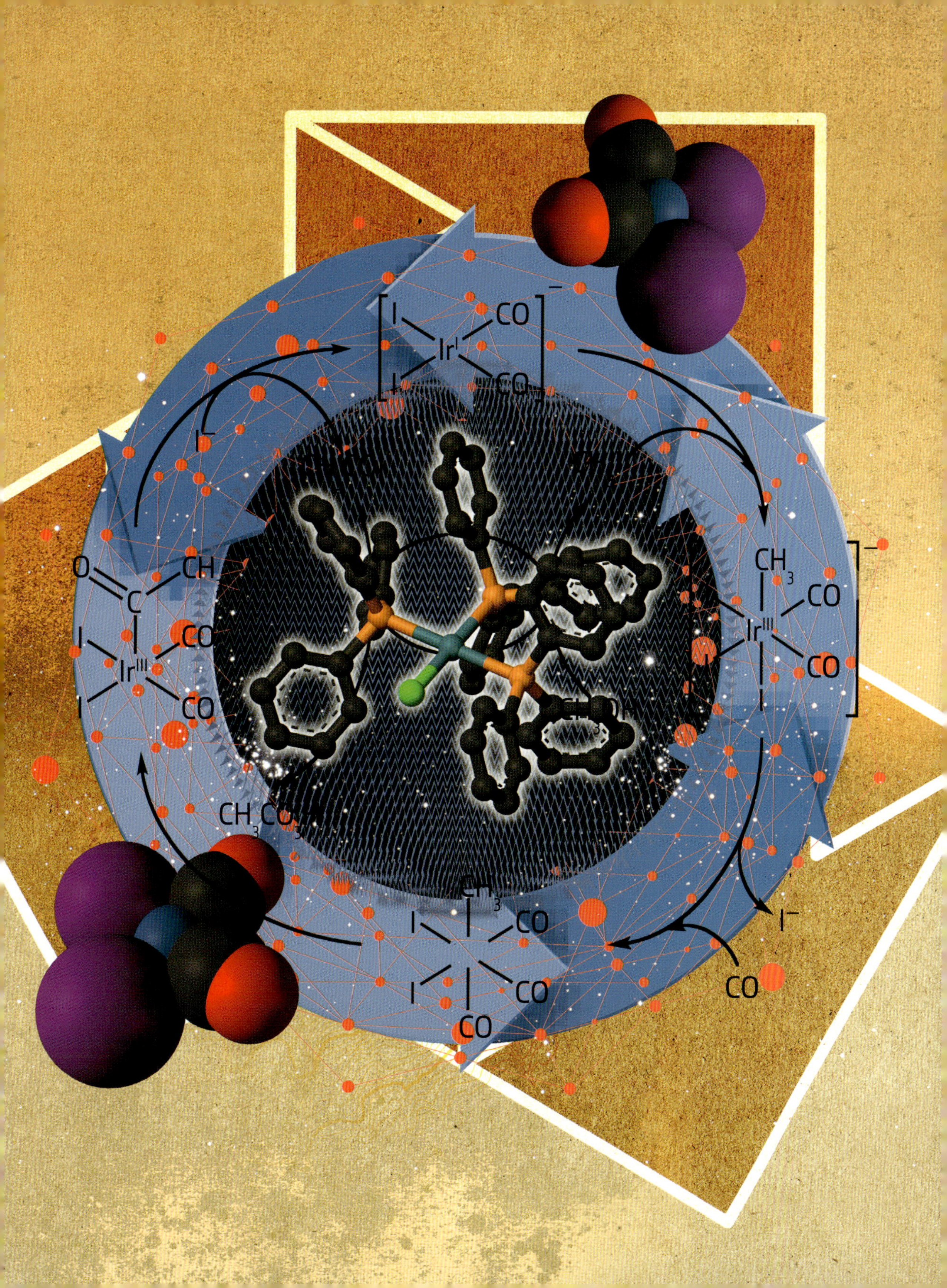

I CO Ir^I I CO −
CH3 CO Ir^III CO −
I−
CO
CH3 I CO I CO CO
CH3COI
O C CH3 I CO Ir^III I CO
I−

19 de março de 1943
Nasce na Cidade do México

1972
Obtém seu doutorado em química pela University of California, Berkeley

1973
Entra para o grupo de pesquisa do professor Rowland na University of California, Irvine

1974
É coautor de um trabalho publicado na revista *Nature* sobre os efeitos danosos dos CFCs para a camada de ozônio da estratosfera

1982
Vai para o Laboratório de Propulsão a Jato do Instituto de Tecnologia da Califórnia a fim de realizar experimentos sobre os efeitos dos CFCs na camada de ozônio

1985
Demonstra que os cristais de gelo polar na estratosfera ampliam o poder de destruição do ozônio dos CFCs

1989
No Massachusetts Institute of Technology, continua sua pesquisa em ciências atmosféricas

1995
Recebe o Prêmio Nobel de Química por "contribuir para a nossa salvação de uma potencial catástrofe ambiental global"

2005
Vai para a University of California, San Diego, e para o Centro de Ciências Atmosféricas do Instituto Scripps de Oceanografia

2013
Recebe a Medalha Presidencial da Liberdade do presidente Obama

MARIO J. MOLINA

Nascido em uma família mexicana de profissionais de elevado grau de instrução, Mario J. Molina é um químico laureado com o Prêmio Nobel cujo trabalho sobre os efeitos danosos à camada de ozônio da atmosfera produzidos pelos clorofluorcarbonos (CFCs) – substâncias químicas industriais de uso comum na refrigeração, em embalagens de aerossol e na manufatura de plásticos – é um excelente exemplo de como a pesquisa fundamental pode ter enormes implicações práticas e melhorar a qualidade de vida na Terra. Seus achados de pesquisa, publicados na revista *Nature* em 1974, levaram à proibição internacional das emissões de CFC na atmosfera (na convenção de Viena de 1985 e no Protocolo de Montreal).

Incentivado pela tia Esther Molina, também química, Mario desenvolveu forte fascínio pelas ciências naturais, intensificado depois que observou os organismos vivos numa gota de água de lago com seu primeiro microscópio. Essa experiência marcante levou-o a adquirir kits de química e construir o próprio laboratório num banheiro não utilizado de sua casa. Vendo o entusiasmo do menino pela química, os pais de Molina mandaram-no para uma breve estadia num colégio interno suíço aos 11 anos de idade, para aprender alemão, língua então muito útil para uma carreira bem-sucedida na química.

Após cursar engenharia química na Universidade Nacional Autônoma do México, Molina passou mais de dois anos na Alemanha e na França ampliando seus conhecimentos de engenharia e matemática antes de concluir o doutorado sob a supervisão do professor George Pimentel, na University of California, Berkeley.

Em 1973, Molina juntou-se ao grupo do professor Rowland para uma pesquisa de pós-doutorado na University of California, Irvine, onde descobriu que os CFCs se fragmentam na estratosfera, produzindo cloro elementar, que destrói a camada de ozônio que protege os seres vivos na Terra dos raios solares perniciosos. Molina e Rowland enfrentaram forte oposição dos produtores industriais de CFCs até que a Pesquisa Antártica Britânica detectou um buraco grande e crescente na camada de ozônio em 1985. Molina, então pesquisador em tempo integral no laboratório de Propulsão a Jato do Instituto de Tecnologia da Califórnia, fez uma demonstração adicional de que os cristais de gelo polar na estratosfera ampliavam o efeito destrutivo dos CFCs na camada de ozônio. Por volta do final de 1985, a maior parte dos países produtores de CFC assinou a Convenção de Viena, logo emendada pelo Protocolo de Montreal, dispondo-se a cessar as emissões de CFC na atmosfera. Mario Molina ganhou em 1995 o Prêmio Nobel de Química por "contribuir para a nossa salvação de uma potencial catástrofe ambiental global".

Ali O. Sezer

CARBONO: NÃO É SÓ PARA LÁPIS

Os principais alótropos do carbono são o diamante e a grafite, o primeiro brilhante, transparente e muito rígido, a segunda, preta e macia. O grafeno (isolado em 2010 por Andre Geim) é uma lâmina de átomos de carbono com um átomo de espessura, compactada numa estrutura de tela de galinheiro. A grafite são várias camadas de grafeno sobrepostas, com vínculo frágil entre elas, o que facilita esfregá-las no papel – daí seu uso nos lápis. Em 1985, Harry Kroto descobriu uma nova forma de carbono (C_{60}) quando ele e seus colegas Richard Smalley e Robert Curl simularam reações químicas que ocorrem na atmosfera de estrelas vermelhas gigantes. O C_{60} faz parte dos fulerenos, uma das famílias do carbono. Fulerenos são moléculas ocas esféricas, elipsoides ou cilíndricas. Como o C_{60} é parecido com as famosas cúpulas geodésicas de R. Buckminster Fuller, foi apelidado de "buckminsterfulereno". Os fulerenos esféricos ou elipsoidais são chamados de "buckyballs". As camadas de grafeno podem se enrolar e formar tubos cilíndricos chamados "nanotubos" ou "buckytubes". Os fulerenos são flexíveis, fortes e estáveis e têm múltiplas aplicações práticas – por exemplo, como catalisadores, em dispositivos de geração e armazenamento de energia, como agentes de contraste em ressonância magnética e raios X e em elementos eletrônicos flexíveis.

NÚCLEO

Entre os alótropos de carbono estão o diamante, a grafite e os fulerenos. Os fulerenos, nome em homenagem a Buckminster Fuller, têm a forma de esferas ocas ("buckyballs") e nanotubos ("buckytubes").

LIGAÇÕES QUÍMICAS

O carbono é um elemento singular. Não só é o elemento central no qual se baseia toda a vida, como existe, em seu estado elementar, em vários úteis e fascinantes alótropos (diferentes formas moleculares de um elemento).

TEMAS RELACIONADOS

LIGAÇÕES ENTRE OS ÁTOMOS
p. 28

O MODELO DE LEWIS PARA LIGAÇÕES QUÍMICAS
p. 32

AS FORÇAS QUE MANTÉM A MATÉRIA COESA
p. 42

DADOS BIOGRÁFICOS

R. BUCKMINSTER FULLER
1895-1983
Arquiteto e inventor americano que popularizou a cúpula geodésica

HARRY KROTO
1939-2016
Químico inglês, ganhador do Prêmio Nobel de Química de 1996 pela descoberta dos fulerenos

Textos por Glen E. Rodgers

O carbono existe em diversas formas, desde a familiar grafite até novas formas como o grafeno.

NANOTECNOLOGIA

NÚCLEO
A nanotecnologia é a ciência da construção de pequenas estruturas a partir da dimensão molecular.

LIGAÇÕES QUÍMICAS
A nanoquímica pode também ser usada para construir nanopartículas de tamanho e formato precisos, com propriedades catalisadoras únicas, em processos como o da conversão de hidrogênio e oxigênio em água numa célula de combustível, a fim de gerar eletricidade. Outras nanopartículas podem ser usadas para dividir água, por meio da luz solar, a fim de obter o hidrogênio e o oxigênio exigidos pela célula de combustível. Combinado, um sistema desse tipo poderia suprir as necessidades energéticas do planeta de uma maneira muito mais limpa do que pelo uso de combustíveis fósseis – como fazemos hoje.

Nanotecnologia é o estudo de matéria cuja estrutura básica tenha pelo menos uma de suas dimensões menor ou igual a 100 nanômetros (1 nanômetro é um bilionésimo de metro). Isso abrange quase toda a química, já que a maior parte das moléculas atende a esse requisito. O que diferencia a nanoquímica é traçar percursos moleculares de baixo para cima para alcançar os domínios maiores, acoplando molécula por molécula até compor estruturas maiores. Isso contrasta com as abordagens tradicionais de cima para baixo, que dividem grandes estruturas em partes menores. No caminho de baixo para cima, a precisão da síntese química consegue afetar as propriedades de materiais maiores. Exemplo da abordagem de baixo para cima é a união de várias moléculas, com cerca de 0,1 nanômetro, usando técnicas de síntese química, para obter estruturas minúsculas como as dos nanocarros. Um nanocarro tem 2 nm x 3 nm, quatro rodas, eixos totalmente rotatórios, chassi e motor ativado pela luz. Nanocarros podem realizar trabalhos, como introduzir moléculas ou átomos por meio de comandos de pulso de voltagem seletiva, para ajudar a construir entidades maiores ou levar medicamentos às células. Nanocarros são tão pequenos que 25 mil deles enfileirados equivalem ao diâmetro de um fio de cabelo.

TEMAS RELACIONADOS
QUÍMICA DE CLUSTERS
p. 90

CARBONO: NÃO É SÓ PARA LÁPIS
p. 96

DADOS BIOGRÁFICOS
RICHARD FEYNMAN
1918-1988
Físico americano, primeiro a sugerir a construção de estruturas moleculares átomo por átomo; ganhou o Prêmio Nobel de Física de 1965

RICHARD SMALLEY
1943-2005
Químico americano e figura fundamental na nanotecnologia; foi um dos ganhadores do Prêmio Nobel de Química de 1996

Textos por James Tour

Máquinas moleculares como os nanocarros têm o potencial de realizar tarefas vitais na medicina e no suprimento de energia.

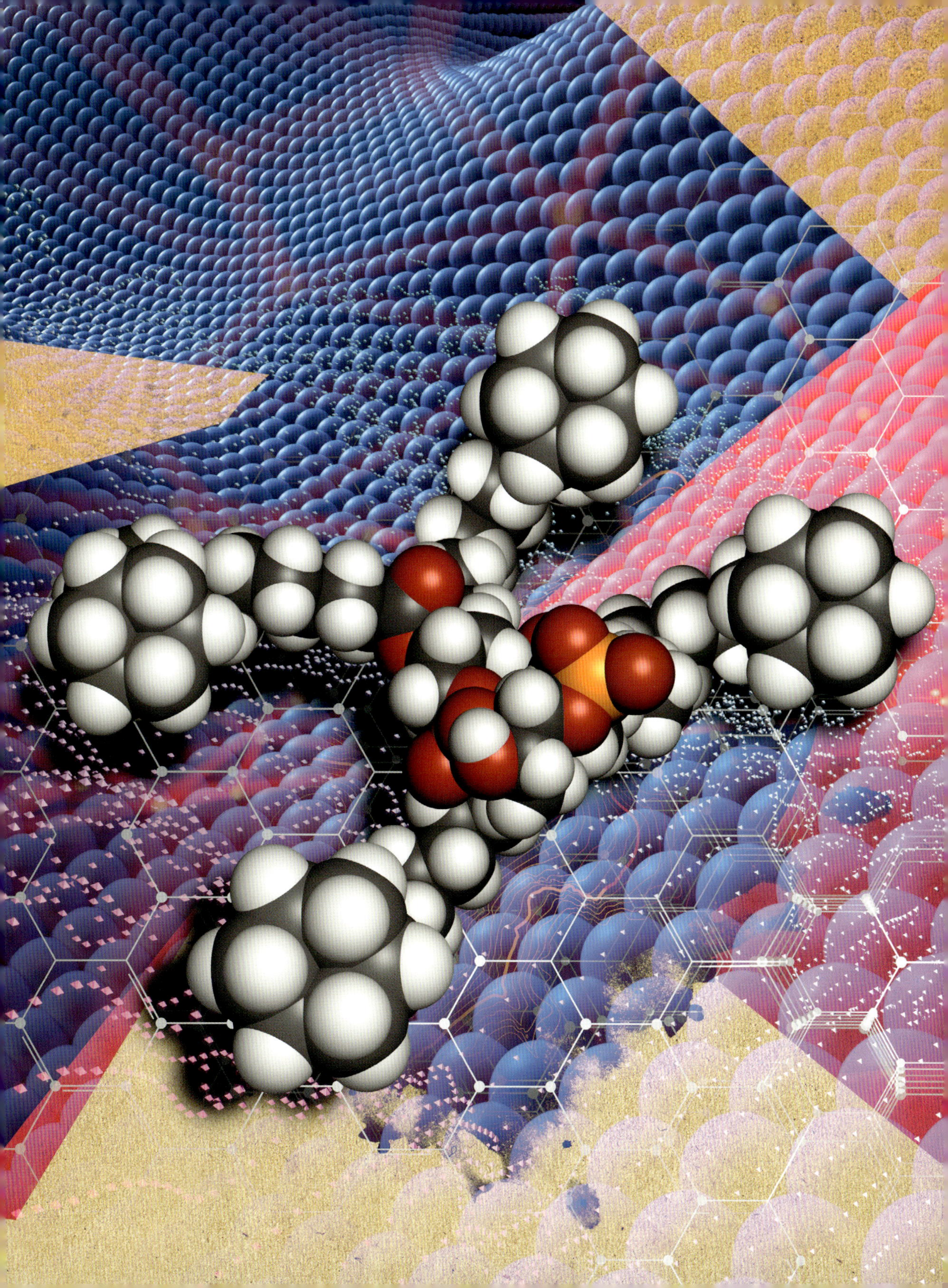

QUÍMICA ORGÂNICA

QUÍMICA ORGÂNICA
GLOSSÁRIO

ácido carboxílico Composto orgânico contendo o grupo funcional -COOH.

alcaloides Bases orgânicas encontradas em plantas; costumam ser venenosos.

aldeídos Compostos orgânicos contendo um grupo funcional terminal C=O.

aldosterona Hormônio responsável pela regulação do sódio e do potássio.

aminas Compostos orgânicos contendo um átomo de nitrogênio ligado a um ou mais átomos de carbono.

anel aromático Cadeia plana, em forma de anel, de átomos de carbono, contendo ligações simples e duplas alternadas.

carbonila O grupo funcional C=O.

cetonas Família de compostos orgânicos que contêm o grupo funcional C=O entre dois outros átomos de carbono.

compostos orgânicos Compostos que contêm carbono ligado a hidrogênio, nitrogênio, oxigênio ou enxofre.

destilação Processo pelo qual uma mistura de compostos com diferentes pontos de ebulição é separada aquecendo-se a mistura e recondensando os gases vaporizados.

éster Composto orgânico contendo o grupo funcional -COO-.

estruturas cíclicas Qualquer estrutura que tenha um ou mais anéis de átomos ligados.

estrutura de ligação cruzada Estrutura comum em polímeros, na qual moléculas longas, como cadeias, formam vínculos com cadeias vizinhas.

estrutura linear Estrutura química na qual os átomos que a compõem dispõem-se numa linha contínua.

grupo funcional Átomo ou grupo de átomos característico, presente numa família de compostos orgânicos, que dá a esses compostos certas características.

grupo hidroxila Grupo -OH característico da família orgânica dos álcoois.

hidrocarboneto Composto orgânico contendo apenas carbono e hidrogênio.

isômeros Duas moléculas com a mesma fórmula química, mas diferentes estruturas.

ligação covalente União de átomos compartilhando um ou mais elétrons.

macromolécula Uma molécula muito grande, como um polímero, que contém tipicamente milhares de átomos.

massa molar A massa de um mol de um elemento ou composto.

monômero Unidade que se repete num polímero.

parafina Cera macia, inflamável, composta por uma mistura de hidrocarbonetos de cadeia longa.

progesterona Hormônio sexual feminino com a fórmula $C_{21}H_{30}O_2$ que tem papel no ciclo menstrual e na gravidez.

série homóloga Série de compostos orgânicos que diferem em extensão por um átomo de carbono.

testosterona Hormônio sexual masculino com a fórmula $C_{19}H_{28}O_2$.

QUÍMICA ORGÂNICA E VITALISMO

NÚCLEO
O vitalismo, isto é, a crença de que seres vivos contêm uma força peculiar que não está presente nos seres não vivos, comprovou-se falsa e foi abandonada no século XIX.

LIGAÇÕES QUÍMICAS
O abandono do vitalismo é significativo porque abriu caminho para que os seres vivos fossem estudados do ponto de vista químico. As reações que acontecem em organismos vivos não são qualitativamente diferentes das que ocorrem fora de organismos vivos. A revolução na biologia ao longo das últimas décadas deve-se em grande medida à compreensão da vida a partir de uma perspectiva molecular.

Os primeiros químicos dividiam os compostos em orgânicos e inorgânicos. Os orgânicos eram isolados a partir de organismos vivos e tendiam a ser frágeis. Por exemplo, o açúcar é um composto orgânico (isolado da cana-de-açúcar ou da beterraba). Se você aquece açúcar numa frigideira, ele logo se decompõe. Compostos inorgânicos vêm da Terra e tendem a ser mais duráveis. Por exemplo, o sal de cozinha é um composto inorgânico (isolado das minas de sal ou do oceano). Se você aquece sal numa frigideira, ele não se decompõe – obtém-se apenas sal quente. Reforçando essa divisão, os primeiros químicos conseguiam sintetizar em laboratório compostos inorgânicos, mas não os orgânicos. Isso era compatível com uma crença do século XVIII chamada vitalismo, segundo a qual organismos vivos continham uma força vital que os distinguia dos não vivos. A força vital lhes permitia a síntese de compostos orgânicos, mas um químico não era capaz de sintetizar um composto orgânico num béquer porque não havia uma força vital presente. O vitalismo teve morte lenta no século XIX, pois os químicos passaram a sintetizar compostos orgânicos a partir dos inorgânicos. Hoje, centenas de milhares de compostos orgânicos são sintetizados, muitos deles cruciais para a própria vida.

TEMAS RELACIONADOS

HIDROCARBONETOS
p. 106

ÁLCOOIS
p. 108

ALDEÍDOS, CETONAS E ÉSTERES
p. 110

DADOS BIOGRÁFICOS

GEORG ERNST STAHL
1659-1734
Químico alemão e defensor do vitalismo

FRIEDRICH WÖHLER
1800-1882
Químico alemão que, em 1828, sintetizou a ureia, um composto orgânico, a partir de materiais inorgânicos

Textos por Nivaldo Tro

A ureia (centro) foi um dos primeiros compostos orgânicos sintetizados a partir de compostos inorgânicos.

HIDROCARBONETOS

NÚCLEO
A gasolina, uma combinação de muitos hidrocarbonetos, reúne uma grande quantidade de energia em um volume pequeno, o que a torna adequada como fonte combustível para os transportes.

LIGAÇÕES QUÍMICAS
Os "combustíveis fósseis" com base em hidrocarbonetos fornecem mais de 80% da energia do mundo – principalmente como carvão, petróleo e gás natural. São as fontes de energia mais acessíveis e econômicas para a maioria das aplicações práticas. No entanto, os hidrocarbonetos não são renováveis, e os recursos globais são limitados. A busca de fontes alternativas e renováveis de energia vai reduzir a dependência global dos combustíveis fósseis e ajudar a reduzir seu impacto nocivo ao ambiente.

Os hidrocarbonetos, principais constituintes do petróleo e do gás natural, são compostos orgânicos de hidrogênio e carbono. O carbono pode se ligar não apenas a outros átomos, como os de hidrogênio, mas também a si mesmo (processo de "encadeamento"); por isso há muitos compostos de hidrocarbonetos ocorrendo naturalmente ou que podem ser sintetizados. Os hidrocarbonetos têm imensa influência no desenvolvimento econômico, social e ambiental da sociedade moderna. São uma fonte acessível de energia e material de base para polímeros e produtos têxteis e farmacêuticos. Os hidrocarbonetos em todas as suas formas têm aplicação no cotidiano – na forma gasosa (gás natural), líquida (gasolina) e sólida (parafina). São classificados como "saturados" (apenas ligações simples covalentes), "insaturados" (pelo menos uma ligação covalente dupla ou tripla entre os átomos de carbono) ou "aromática" (pelo menos um anel aromático). Longas cadeias de hidrocarbonetos podem formar estruturas lineares, cruzadas ou cíclicas, com número de átomos de carbono variando de um (metano) a milhares. Os hidrocarbonetos têm alta energia potencial, liberada por combustão – gerando energia adequada para aplicações como transporte e aquecimento.

TEMAS RELACIONADOS
CARBONO: NÃO É SÓ PARA LÁPIS
p. 96

QUÍMICA ORGÂNICA E VITALISMO
p. 104

DADOS BIOGRÁFICOS
JAMES YOUNG
1811-1883
Químico escocês conhecido como pai da indústria petroquímica, pioneiro na destilação de parafina, um hidrocarboneto saturado, a partir do petróleo

EDWIN L. DRAKE
1819-1880
Um condutor de trens a quem se credita a descoberta do primeiro poço de petróleo da era moderna, perto de Titusville, Pensilvânia

Textos por Ali O. Sezer

O petróleo é separado em seus hidrocarbonetos derivados em função das diferenças em seus pontos de ebulição.

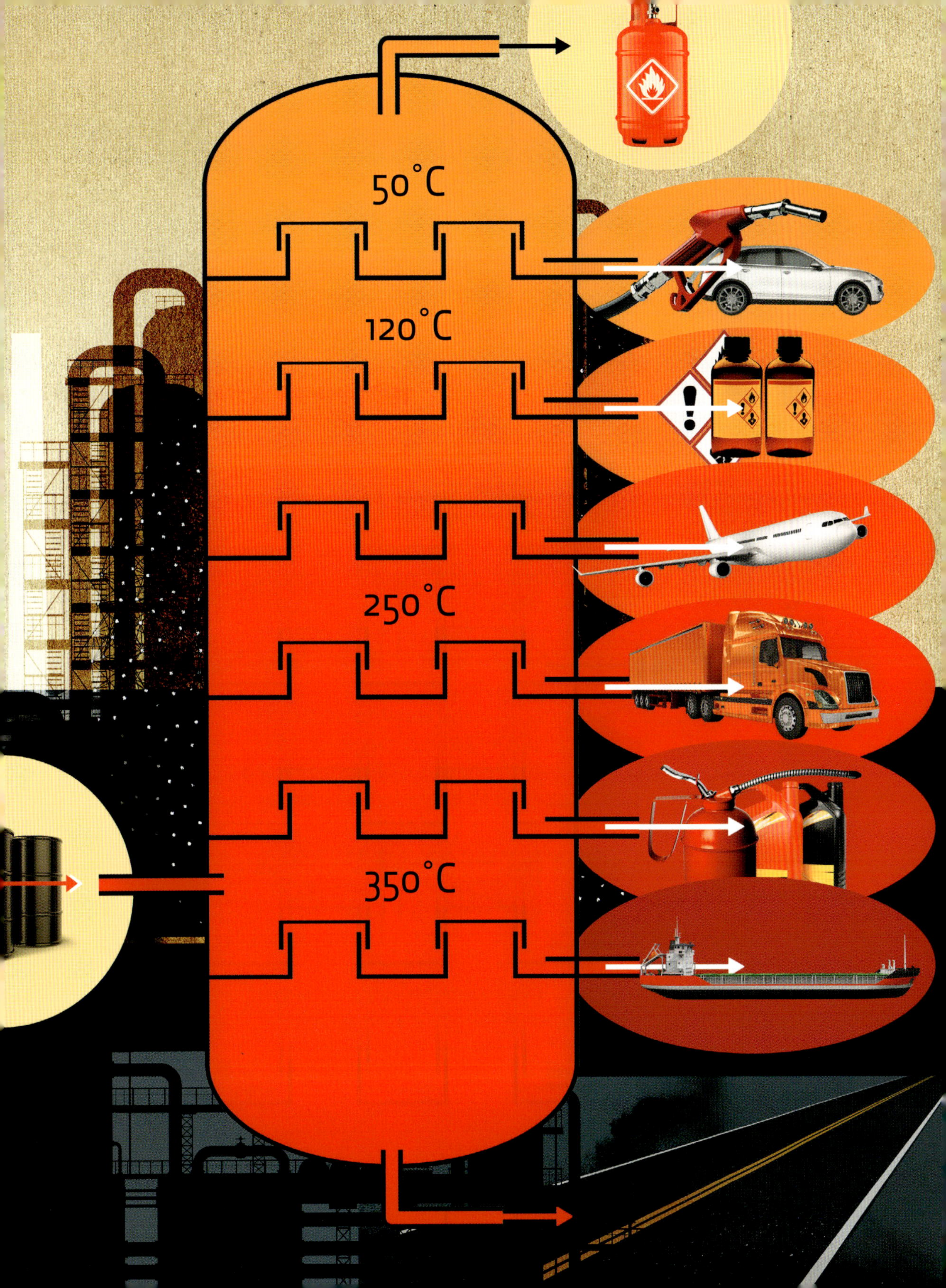

50°C
120°C
250°C
350°C

ÁLCOOIS

O isopropanol (C_3H_7OH), um antisséptico popular, e o etanol (C_2H_5OH), o componente inebriante das bebidas alcoólicas, pertencem a uma classe muito importante de compostos orgânicos: os álcoois, que contêm o grupo funcional hidroxila (-OH). Os menores são líquidos transparentes, voláteis e inflamáveis, de cheiro forte. A família dos álcoois contém uma série homóloga de compostos de hidrocarbonetos, na qual um átomo de hidrogênio é substituído por um grupo -OH. Metanol, etanol e propanol são os três primeiros membros dessa série. O grupo funcional -OH está diretamente ligado a um átomo de carbono, que está também conectado a um (álcool primário), dois (álcool secundário) ou três (álcool terciário) outros átomos de carbono. O etanol e o isopropanol são exemplos de álcoois primário e secundário, respectivamente. O grupo -OH torna os álcoois altamente polares, e os menores são todos miscíveis em água – isto é, podem formar soluções homogêneas com água em todas as proporções. A solubilidade em água decresce sensivelmente à medida que o número de átomos de carbono (massa molecular) aumenta. Hoje os álcoois têm ampla gama de utilizações, desde a elaboração de perfumes, alimentos e produtos farmacêuticos a aplicações médicas.

NÚCLEO
Os álcoois, além de serem o componente inebriante das bebidas alcoólicas, têm importante lugar na química orgânica – com muitas aplicações benéficas à vida humana.

LIGAÇÕES QUÍMICAS
Os poliálcoois, também conhecidos como álcoois de açúcar, são álcoois com mais de um grupo -OH em sua estrutura molecular. Esses compostos sólidos brancos, solúveis em água, são importantes para a indústria – são usados como espessante e para adoçar. Sorbitol, eritritol, xilitol e maltitol são poliálcoois populares, comumente usados em balas duras e adoçantes artificiais. Não são totalmente absorvidos na corrente sanguínea, portanto não são capazes de aumentar rapidamente a taxa de açúcar no sangue.

TEMAS RELACIONADOS
MOLÉCULAS POLARES E APOLARES
p. 36

HIDROCARBONETOS
p. 106

DADOS BIOGRÁFICOS
JOHANN TOBIAS LOWITZ
1757-1804
Químico russo nascido na Alemanha, pioneiro na obtenção de etanol puro por filtragem do etanol destilado através de carvão ativado

ARCHIBALD SCOTT COUPER
1831-1892
Químico escocês, primeiro a publicar a fórmula estrutural do etanol, uma das primeiras fórmulas estruturais a serem determinadas

Textos por Ali O. Sezer

Álcoois são uma família comum de compostos orgânicos que inclui substâncias como o etanol (o álcool das bebidas alcoólicas).

ALDEÍDOS, CETONAS E ÉSTERES

NÚCLEO
Aldeídos, cetonas e ésteres são compostos orgânicos encontrados na natureza e responsáveis pelos odores e sabores agradáveis de muitos produtos naturais e sintéticos.

LIGAÇÕES QUÍMICAS
Aldeídos, cetonas e ésteres são encontrados em abundância em organismos vivos. Humanos e animais armazenam energia na forma de ésteres conhecidos como gorduras e óleos. Testosterona e progesterona (hormônios sexuais de machos e fêmeas, respectivamente), a aldosterona (que regula o nível de sódio no sangue) e a feromona (liberada por animais para disparar uma reação social) são todas cetonas. O retinal (retinaldeído) é um aldeído que forma a base da visão. O acetaldeído causa a sensação de "ressaca" depois que o álcool é metabolizado no fígado.

O aroma e o sabor agradáveis de amêndoas frescas e hortelã são dados principalmente pelo benzaldeído e pela mentona, dois compostos que ocorrem na natureza e cuja molécula contém o grupo funcional carbonila (-C=O). O benzaldeído é um exemplo da família de compostos orgânicos chamados aldeídos. Num aldeído, o grupo -C=O ocupa o final de uma cadeia de carbono. A mentona é um exemplo da família de compostos orgânicos das cetonas. Numa cetona, o grupo carbonila fica no meio da cadeia carbônica. Outra família comum de compostos orgânicos é a dos ésteres. Nesses, um átomo de oxigênio interrompe a ligação do grupo carbonila com a cadeia carbônica ($-CO_2C-$). O acetato de benzila, um componente do cheiro de morango, pera e jasmim, é um éster. Pequenos aldeídos e cetonas (aqueles com massa molar baixa), como o formaldeído (um importante solvente industrial) e a acetona (removedor de esmalte de unhas), têm odor muito pungente. Mas os aldeídos com massa molar mais alta geralmente têm odor mais agradável e frutado. Aldeídos, cetonas e ésteres são comuns na natureza e utilizados industrialmente como aromas e sabores em alimentos e produtos farmacêuticos. Muitos solventes usados em adesivos, tintas, perfumes, plásticos e tecidos também os contêm.

TEMAS RELACIONADOS
ÁLCOOIS
p. 108

ÁCIDOS CARBOXÍLICOS E AMINAS
p. 112

DADOS BIOGRÁFICOS
LEOPOLD GMELIN
1788-1853
Químico alemão que cunhou os termos "éster" e "cetona"

JUSTUS VON LIEBIG
1803-1873
Químico alemão considerado o pai da química orgânica, que usou pela primeira vez o termo "aldeído"

Textos por Ali O. Sezer

Muitos dos odores que sentimos todo dia vêm de formas naturalmente ocorrentes das famílias dos aldeídos, das cetonas e dos ésteres.

OH
CH3
CH3
O
HO
CH3
OH

ÁCIDOS CARBOXÍLICOS E AMINAS

NÚCLEO
Ácidos carboxílicos e aminas são ácidos e bases, respectivamente, que ocorrem na natureza.

LIGAÇÕES QUÍMICAS
Entre um ácido carboxílico e uma amina ocorre uma reação ácido-base que liga as duas moléculas e gera água como subproduto. Essa reação é importante na bioquímica por ser responsável pela formação de aminoácidos – moléculas que têm um grupo de ácido carboxílico de um lado e um grupo de amina do outro –, que constituem as proteínas, moléculas que funcionam como "burro de carga" nos organismos vivos.

Ácidos carboxílicos e aminas são famílias de compostos orgânicos importantes e conhecidas. Os ácidos carboxílicos são ácidos orgânicos, identificados pelo grupo funcional -COOH. Como todos os ácidos, os carboxílicos têm gosto azedo. O ácido acético, componente ativo do vinagre, é um ácido carboxílico. A palavra vinagre vem dos termos franceses para "vinho" (*vin*) e "azedo" (*aigre*). Ao se expor o vinho ao ar, o etanol oxida e forma o ácido carboxílico. O ácido cítrico é outro ácido carboxílico, que confere o gosto azedo de limões e limas. Aminas são bases orgânicas e contêm um átomo de nitrogênio ligado a um ou mais átomos de carbono. Muitas aminas têm odor desagradável. Quando coisas vivas morrem, suas proteínas se partem em aminas, que evaporam. O cheiro de peixe podre, por exemplo, é devido à trimetilamina, e o de carne de animal pútrida, à cadaverina, ambas aminas de cheiro ruim. Algumas aminas de plantas, conhecidas como alcaloides, têm a capacidade de alterar os caminhos sensoriais. Cafeína, nicotina e cocaína são alcaloides que estimulam o sistema nervoso central, criando sensações de energia e vivacidade mental. Alcaloides como morfina e codeína têm efeito oposto: deprimem o sistema nervoso central. A morfina é um potente depressor, usado para aliviar a dor extrema.

TEMAS RELACIONADOS
QUÍMICA ORGÂNICA E VITALISMO
p. 104

ÁLCOOIS
p. 108

ALDEÍDOS, CETONAS E ÉSTERES
p. 110

DADOS BIOGRÁFICOS
HERMANN KOLBE
1818-1884
Químico alemão que contribuiu enormemente para o desenvolvimento da química orgânica e foi o primeiro a sintetizar o ácido acético

Textos por Nivaldo Tro

O ácido acético (alto) é responsável pelo cheiro do vinagre. A trimetilamina (embaixo) é responsável pelo cheiro ruim do peixe podre.

31 de julho de 1800
Nasce em Eschersheim, Alemanha

1823
Forma-se em medicina pela Universidade de Heidelberg, Alemanha

1827
Obtém a primeira amostra de alumínio puro a partir de seus componentes

1828
Descobre como fazer ureia sinteticamente em laboratório e isola os elementos berílio e ítrio

1832
Começa a lecionar química na Universidade de Göttingen, Alemanha

1834
É eleito membro estrangeiro da Real Academia Sueca de Ciências

1854
É eleito membro estrangeiro da Royal Society de Londres

1855
É eleito membro da Real Academia de Berlim

1862
Produz carbeto de cálcio e gás acetileno

1872
Recebe a Medalha Copley da Royal Society de Londres

23 de setembro de 1882
Morre em Göttingen, Alemanha

FRIEDRICH WÖHLER

Friedrich Wöhler é conhecido não só por sua pesquisa pioneira em química, mas por seus laboratórios-modelo de ensino, que revolucionaram o modo pelo qual a química experimental é aprendida ao redor do mundo. Seu interesse em química e mineralogia foi despertado nos primeiros anos de estudos em Frankfurt, Alemanha. Embora Wöhler tenha chegado a se formar médico pela Universidade de Heidelberg, seu real interesse sempre foi a química. Leopold Gmelin, um dos químicos mais conhecidos do século XIX, foi seu professor em Heidelberg. Ele logo percebeu que Wöhler estava adiantado demais para frequentar aqueles cursos e enviou-o para estudar com Jons Jacob Berzelius, o mundialmente famoso químico sueco, um dos pais da química moderna.

Wöhler passou um ano estudando mineralogia com Berzelius. Ele não só recebeu a melhor educação disponível como desenvolveu uma amizade para a vida toda com seu tutor. Mais tarde, traduziu boa parte da obra de Berzelius para o alemão, como o conhecido *Manual de química*. Ao longo de sua carreira, Wöhler por sua vez também escreveria vários manuais sobre química orgânica e inorgânica, como *Linhas gerais da química orgânica,* em 1840.

Voltou à Alemanha em 1825 e assumiu um posto na recém-fundada Berlin Gewerbeschule (escola industrial), onde realizou pesquisas pioneiras, que lhe renderam fama internacional. Em 1827, isolou pela primeira vez o alumínio puro a partir de seus componentes. No ano seguinte, anunciou sua segunda descoberta numa famosa carta a Berzelius, na qual explica como isolou ureia sinteticamente em laboratório, sem necessidade de contar com um rim vivo, e que esse composto tinha a mesma composição química do chamado cianato de amônio. Essa descoberta foi significativa, pois os pesquisadores da época acreditavam que a "força vital" nos seres vivos era imprescindível para se obter compostos orgânicos.

Dois anos após essa carta de Wöhler, Berzelius explicou essas descobertas e cunhou o termo isomerismo, conceito imensamente importante na química moderna. De 1832 até sua morte em 1882, Wöhler lecionou química na Universidade de Göttingen, onde desenvolveu, paralelamente a Justus Freiherr von Liebig da Universidade de Giessen, os métodos de ensino de ciência em laboratório que são hoje amplamente adotados. Wöhler também é creditado como o introdutor da tradição de criar grupos de pesquisa científica nos quais os alunos podem também realizar atividades de pesquisa.

Ali O. Sezer

A QUÍMICA COPIA A NATUREZA

NÚCLEO
Plantas, animais e micróbios são fontes de compostos químicos valiosos que com frequência têm propriedades medicinais.

LIGAÇÕES QUÍMICAS
Pesquisadores de produtos naturais investigam organismos vivos à procura de substâncias químicas úteis que eles possam conter. Por exemplo, a penicilina (um antibiótico) foi extraída de micróbios, e a primeira forma da aspirina era obtida da casca do salgueiro. Com frequência, os químicos encontram posteriormente modos de sintetizar esses compostos em laboratório, mas a miríade de compostos na natureza geralmente nos indica o caminho.

O teixo-do-pacífico é uma árvore que não parece ter nada especial. Cresce na região do Pacífico Noroeste dos EUA até 10-15 metros, com folhas verdes planas e bagos vermelhos. No entanto, a casca de seu tronco contém a milagrosa droga taxol, hoje usada para tratar cânceres de ovário, pulmão, mama e cólon. A ação biológica do teixo é conhecida desde a Grécia Antiga, e os nativos americanos usavam-no com fins medicinais. Considerando seu histórico, pesquisadores na década de 1960 incluíram a árvore em estudos de larga escala sobre agentes anticâncer. Os resultados positivos os levaram a isolar o componente ativo taxol. Mas a quantidade de taxol necessária para tratar um único paciente de câncer exigiria processar várias árvores de cerca de 100 anos de idade, criando problemas ambientais. Como é comum com produtos naturais, os pesquisadores acharam outro meio de obter o composto: o taxol é hoje sintetizado a partir de um precursor encontrado nas folhas do teixo-europeu. Como as árvores não precisam ser derrubadas para colher as folhas, essa opção é sustentável. Hoje, milhões de pacientes de câncer se beneficiam desse produto natural. A história do taxol ilustra o campo de pesquisa de produtos naturais, uma área ativa que oferece muitos compostos novos e extremamente úteis.

TEMAS RELACIONADOS
QUÍMICA ORGÂNICA E VITALISMO
p. 104

SÍNTESE DE MEDICAMENTOS BIOTECNOLÓGICOS
p. 134

DADOS BIOGRÁFICOS
MONROE ELIOT WALL
1916-2002
Químico americano a quem se credita a codescoberta do taxol

MANSUKH C. WANI
1925-
Químico de origem indiano-americana a quem se credita a codescoberta do taxol

Textos por Nivaldo Tro

O teixo é a árvore da qual se extrai o taxol, um agente anticancerígeno.

POLÍMEROS

Os polímeros permeiam a maior parte da vida humana. É difícil imaginar uma sociedade sem eles, dado o papel importante que polímeros naturais e sintéticos têm – da medicina à embalagem de alimentos, do vestuário a utensílios domésticos. O químico alemão Hermann Staudinger foi quem primeiro indicou a existência de macromoléculas (polímeros) em forma de cadeias de unidades menores repetidas chamadas monômeros. Os humanos conhecem polímeros naturais como o algodão e a borracha há milhares de anos. Mas sua estrutura química foi debatida por muito tempo até Staudinger demonstrar a estrutura macromolecular da borracha natural – uma descoberta que lhe rendeu o Prêmio Nobel em 1953. O termo polímero vem do grego *poly meros*, "várias partes". Muitas moléculas podem atuar como monômeros e criar uma ampla gama de materiais poliméricos, com as características que se deseje. O polietileno, por exemplo – um dos materiais plásticos mais comuns, usado em sacos de embalagem e garrafas –, é uma molécula em forma de cadeia, constituída por uma estrutura de monômeros de etileno. Os polímeros podem ter alta massa molecular, já que os monômeros se ligam de inúmeras maneiras para formar moléculas muito grandes. Alguns são leves, duros, fortes e flexíveis; outros têm características químicas, térmicas, elétricas e ópticas particulares.

NÚCLEO

Os polímeros, macromoléculas em forma de cadeias compostas por unidades repetidas, quimicamente ligadas (monômeros), têm papel crucial em oferecer soluções práticas para vários aspectos da vida humana.

LIGAÇÕES QUÍMICAS

Os polímeros são em geral conhecidos como isolantes elétricos. No entanto, alguns polímeros orgânicos – monômeros unidos por ligações simples e duplas alternadas na estrutura de carbono – têm uma condutividade elétrica baixa, inerente, que pode ser muito aumentada ao misturar quimicamente agentes doadores ou receptores de elétrons, num processo chamado dopagem. Polímeros dopados, como os diodos emissores de luz orgânicos (OLED), têm revolucionado a indústria eletrônica.

TEMAS RELACIONADOS

O MODELO DE LEWIS PARA LIGAÇÕES QUÍMICAS
p. 32

HIDROCARBONETOS
p. 106

DADOS BIOGRÁFICOS

HERMANN STAUDINGER
1881-1965
Químico alemão que ganhou o Prêmio Nobel de Química de 1953 pela descoberta da estrutura macromolecular da borracha natural

HIDEKI SHIRAKAWA
1936-
Químico japonês que ganhou o Prêmio Nobel de Química de 2000 pela codescoberta da existência de polímeros condutores

Textos por Ali O. Sezer

Polímeros são moléculas em forma de cadeia que compõem uma gama de substâncias, como os plásticos.

10 AM
Explore
Tools
Applications

BIOQUÍMICA

BIOQUÍMICA
GLOSSÁRIO

adenosina trifosfato Biomolécula com a fórmula $C_{10}H_{16}N_5O_{13}P_3$, usada como principal reservatório para transporte de energia em organismos vivos.

alcanos Hidrocarbonetos com a fórmula geral C_nH_{2n+2}.

aminoácidos Unidades que, ligadas numa ordem específica, formam proteínas. Aminoácidos têm um átomo de carbono central, um grupo amina, um grupo ácido e uma cadeia lateral (que varia em estrutura conforme o aminoácido).

apolar Substância composta de moléculas com distribuição de carga uniforme. Substâncias apolares em geral não se misturam bem com a água.

celulose Um carboidrato complexo composto por unidades repetidas de glicose. A celulose é o principal material estrutural das plantas.

dissacarídeos Classe de açúcares compostos por dois monossacarídeos ligados.

DNA Ácido desoxirribonucleico, biomolécula de unidades repetidas (nucleotídeos), que carrega a informação genética em todos os organismos vivos conhecidos.

DNA recombinante DNA sintético que contém material genético de diferentes fontes.

ésteres Classe de compostos orgânicos que consiste em um grupo -COO- entre dois ou mais átomos de carbono.

fotólise por flash Técnica de estudo de reações químicas ativadas pela luz, em que um flash ou uma luz inicia o evento químico, depois monitorado em função do tempo.

genoma Conjunto completo de material genético de um organismo.

glicose Carboidrato com a fórmula $C_6H_{12}O_6$ que circula no sangue de animais, inclusive humanos.

grupo ácido Grupo funcional que consiste em -COOH.

grupo ácido carboxílico O grupo -COOH nos compostos orgânicos e bioquímicos. É um grupo polar e de propriedades ácidas.

grupo amina Em um aminoácido, o grupo $-NH_2$.

hormônios Compostos bioquímicos levados no sangue até locais onde estimulam e regulam processos bioquímicos.

monossacarídeos Carboidratos compostos por três a oito átomos de carbono e um grupo aldeído ou cetona.

nucleotídeo Unidade individual que, ligada a outros nucleotídeos, forma um ácido nucleico (como o DNA). Cada nucleotídeo tem um grupo fosfato, um açúcar e uma base.

pares de bases As duas partes dos ácidos nucleicos que se juntam para formar a dupla hélice no DNA e permitem uma cópia precisa. No DNA, a adenina forma par com a timina, e a guanina, com a citosina.

polar Substância composta por moléculas com uma distribuição de carga assimétrica.

polímeros modulares Polímeros que podem ser construídos unidade por unidade (ou monômero por monômero).

polinucleotídeo Cadeia de nucleotídeos ligados, encontrada em moléculas hereditárias como as do DNA e RNA.

ribonucleotídeo Monômero que, quando ligado a outros ribonucleotídeos, forma o RNA.

sacarose Carboidrato com a fórmula $C_{12}H_{22}O_{11}$.

triglicerídeo Um tipo de gordura que tem uma estrutura de três carbonos com três ácidos graxos anexados (um a cada átomo de carbono).

CARBOIDRATOS

Carboidratos têm esse nome porque sua fórmula geral é um múltiplo de um átomo de carbono e uma molécula de água, $(CH_2O)_n$. Estruturalmente, os átomos de carbono são arranjados num anel (que pode se interconverter em cadeia reta) e têm vários grupos hidroxila (OH) anexados, o que torna os carboidratos simples polares e, portanto, solúveis em água. A capacidade de se dissolver em água é importante para uma das principais funções dos carboidratos: armazenar e transportar energia nos organismos vivos. O carboidrato glicose $(C_6H_{12}O_6)$ é típico. Deve ser facilmente transportado no sangue a lugares do corpo onde a energia esteja sendo necessária. Carboidratos como a glicose (também chamados de monossacarídeos, isto é, "que têm um açúcar") podem se ligar e formar dissacarídeos, como a sacarose $(C_{12}H_{22}O_{11})$, o açúcar de mesa. Podem também se ligar para formar moléculas longas, em forma de cadeia, chamadas carboidratos complexos, como o amido, o glicogênio e a celulose. O amido (como a batata) é o principal meio que as plantas têm para armazenar energia, e o glicogênio é usado por animais como um meio compacto de armazenar glicose nos músculos. A celulose é a substância orgânica mais comum na Terra. É mais rígida que os demais carboidratos complexos e o principal componente estrutural das plantas.

NÚCLEO

Carboidratos são aldeídos com múltiplos carbonos ou cetonas com vários grupos OH anexados. Atuam como depósitos de energia de curto prazo e como principais componentes estruturais das plantas.

LIGAÇÕES QUÍMICAS

Carboidratos são comuns nos alimentos. Monossacarídeos podem passar diretamente por nossa parede intestinal e entrar na corrente sanguínea como fontes de energia prontas. Dissacarídeos e carboidratos complexos, porém, devem ser quebrados em monossacarídeos antes de poderem passar para a corrente sanguínea. O corpo pode quebrar açúcares e amidos, mas nos falta a enzima para quebrar a celulose (também conhecida como fibra alimentar). É por isso que a celulose passa pelo trato digestivo, encorpando as fezes e evitando a prisão de ventre.

TEMAS RELACIONADOS

LIPÍDIOS
p. 126

AMINOÁCIDOS E PROTEÍNAS
p. 128

DADOS BIOGRÁFICOS

ANDREAS MARGGRAF
1709-1782
Químico alemão que primeiro isolou a glicose da uva-passa

HERMANN EMIL FISCHER
1852-1919
Químico alemão, ganhador do Prêmio Nobel de Química de 1902 por seu trabalho pioneiro com açúcares

Textos por Nivaldo Tro

Entre os carboidratos estão açúcares simples como a glicose (no alto) e carboidratos complexos como a celulose (embaixo).

LIPÍDIOS

NÚCLEO
A insolubilidade dos lipídios em água permite-lhes formar membranas estendidas que encerram soluções biológicas e funcionam como depósitos particularmente densos de energia metabólica.

LIGAÇÕES QUÍMICAS
Embora não possam se agregar e formar polímeros modulares como fazem outras biomoléculas, os lipídios têm muitas funções biológicas. As membranas dos lipídios agem como barreiras entre o interior e o exterior das células, e as "gorduras" triglicerídeos funcionam como depósitos de energia de longo prazo em plantas e animais. Outros lipídios chamados hormônios agem como mensageiros biológicos, secretados por glândulas e levados até as células, onde disparam uma resposta fisiológica.

Lipídios são a única biomolécula definida pelo que não é: os lipídios não se dissolvem em água. Devido a essa insolubilidade, podem formar membranas finas, oleosas, agregadas em gotas oleosas, que são reservatórios de alta densidade de energia metabólica. Na realidade, muitos lipídios contêm um grande grupo hidrocarboneto queimável, similar aos alcanos na gasolina. Nos ácidos graxos (tipo de lipídio), por exemplo, uma longa cadeia de hidrocarboneto liga-se a apenas um grupo polar de ácido carboxílico. Nos triglicerídeos (outro tipo de lipídio), três longas cadeias de hidrocarbonetos se ligam a uma molécula curta de três carbonos. Essa estrutura altamente apolar faz os triglicerídeos se unirem em gotas de "gordura". Outro tipo de lipídio tem apenas duas longas cadeias de hidrocarbonetos, ligadas a uma cabeça mais polar (uma unidade de três carbonos contendo um grupo fosfato). O resultado é uma molécula similar a uma vara, com uma "cabeça" com carga que adora água e uma cauda oleosa. Elas formam camadas, com as caudas alinhadas em lâminas oleosas de um lado e as "cabeças" todas voltadas para o outro. Para manter a superfície oleosa das caudas fora d'água, duas camadas se alinham e formam uma membrana de duas lâminas, com as caudas para dentro e as cabeças formando superfícies voltadas para a água. Essas membranas duplas são as barreiras fundamentais que encapsulam células vivas.

TEMAS RELACIONADOS
AS FORÇAS QUE MANTÊM A MATÉRIA COESA
p. 42

HIDROCARBONETOS
p. 106

ÁCIDOS CARBOXÍLICOS E AMINAS
p. 112

DADOS BIOGRÁFICOS
MICHEL CHEVREUL
1786-1889
Químico francês, pioneiro no estudo da química dos sabões, gorduras e óleos

CHARLES ERNEST OVERTON
1865-1933
Biólogo britânico, primeiro a propor que os lipídios podem agir como uma membrana celular

Textos por Stephen Contakes

Uma das muitas funções dos lipídios é encapsular células ao formarem uma dupla camada.

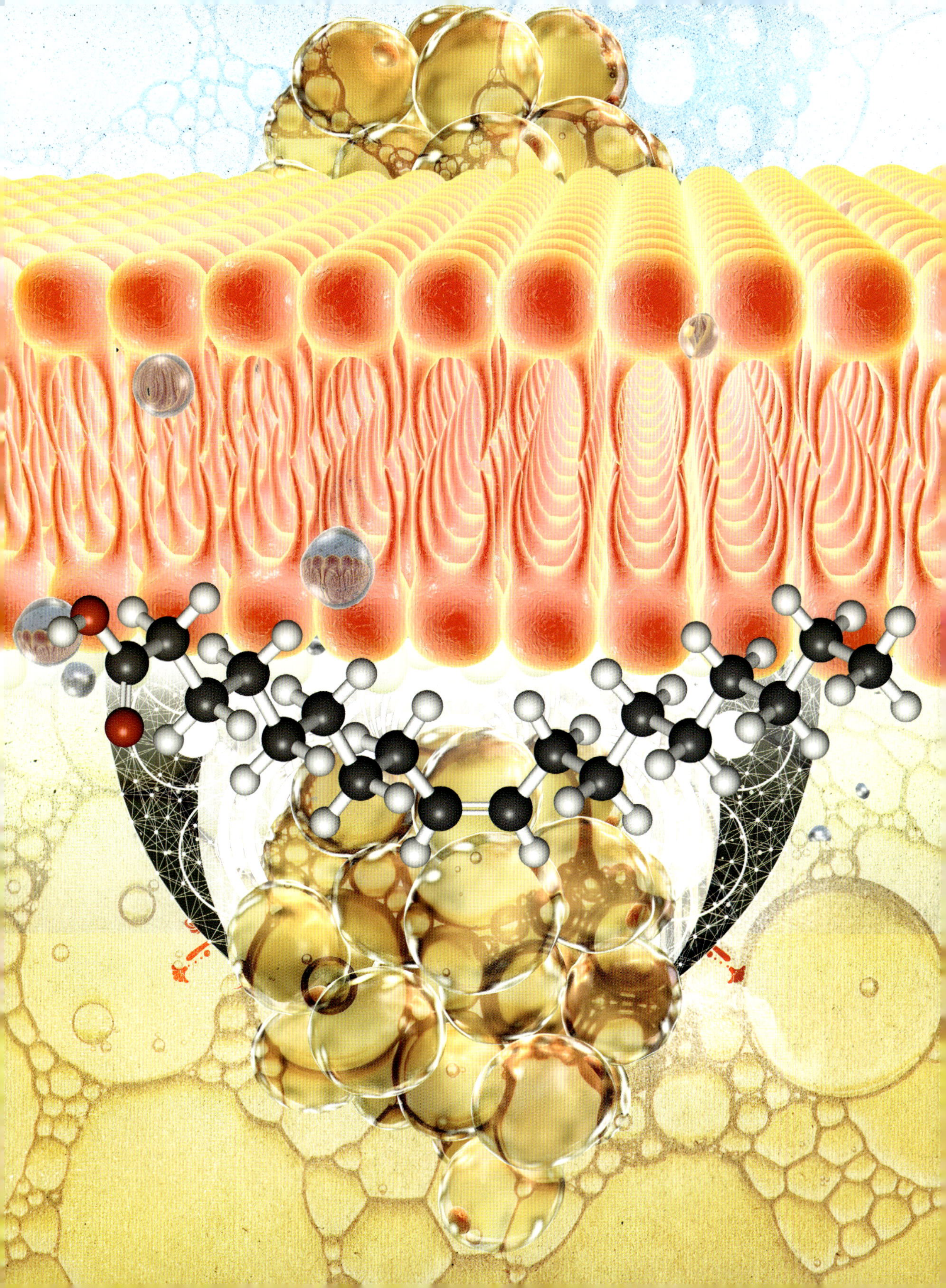

AMINOÁCIDOS E PROTEÍNAS

NÚCLEO
Aminoácidos podem ser acoplados em cadeias de proteínas que se dobram em uma diversidade de formatos e desempenham muitas funções biológicas.

LIGAÇÕES QUÍMICAS
Quando você respira, o oxigênio que inala se liga a uma proteína chamada hemoglobina em suas células vermelhas; ela transporta o oxigênio até os músculos e outros tecidos, onde ele é usado para "queimar" gorduras e carboidratos em sequências interconectadas de reações catalisadas por proteínas. Isso gera a energia de que o corpo precisa para se movimentar, sintetiza outras biomoléculas e produz os sinais elétricos necessários para que as células nervosas funcionem.

Proteínas são biomoléculas em cadeia que têm uma série extensa de funções. Algumas, como o colágeno da pele, servem como suportes estruturais. Outras, como a proteína motora miosina, permitem o relaxamento e a contração dos músculos. E há também as que adotam formatos compactos "globulares" para armazenar ou transportar pequenas moléculas, controlar metabolismos celulares acelerando determinadas reações químicas ou reconhecer e se ligar a outras moléculas. Certas proteínas, a exemplo da insulina, agem como sinais intercelulares, e outras, ainda, regulam processos corporais, alterando quimicamente outras proteínas para ajustar seu funcionamento. Contudo, as proteínas compõem-se de apenas vinte elementos básicos: os aminoácidos, assim chamados porque contêm um átomo de carbono central ligado a um grupo amina e a um grupo ácido. O carbono central também se liga a um terceiro grupo variável, a cadeia lateral, que pode ser polar, apolar, pequena, grande, ácida ou básica. Aminoácidos podem se ligar e formar longos polímeros, com propriedades que variam segundo a sequência dessas cadeias. Interações entre as cadeias laterais em diferentes pontos ao longo do polímero e também com a água ao redor fazem a proteína se retorcer em formatos específicos, o que determina as funções que é capaz de desempenhar.

TEMAS RELACIONADOS

TAXAS DE REAÇÃO E CINÉTICA QUÍMICA
p. 70

ÁCIDOS CARBOXÍLICOS E AMINAS
p. 112

A QUÍMICA COPIA A NATUREZA
p. 116

DADOS BIOGRÁFICOS

GERARDUS JOHANNES MULDER
1802-1880
Químico holandês, o primeiro a descrever a composição das proteínas

JOHN KENDREW E MAX PERUTZ
1917-1997 e 1914-2002
Bioquímico britânico e biólogo molecular nascido na Áustria; determinaram as primeiras estruturas em 3D das proteínas

Textos por Stephen Contakes

Algumas proteínas dobram-se em formas globulares (centro); outras têm estrutura mais linear (embaixo).

23 de dezembro de 1912
Nasce em Benton City, Missouri, EUA

1933
Forma-se bacharel em química pela University of Missouri-Columbia

1935
Forma-se bacharel em pedagogia pela mesma instituição

1937
Obtém mestrado em química, de novo pela University of Missouri--Columbia

1940
Doutora-se em físico--química, mais uma vez pela University of Missouri-Columbia

1945
Entra para o departamento de química do Mount Holyoke College, em Massachusetts

1960
Recebe Menção Honrosa do Colégio de Artes e Ciências da Universidade de Missouri

1969
Ganha o Prêmio da Manufacturing Chemists Association em Ensino de Química na Universidade

1978
Torna-se a primeira presidente mulher da Sociedade Química Americana

1982
Recebe o Prêmio de Educação em Química da Sociedade Química Americana

1983
Assume a presidência da Associação Americana para o Avanço da Ciência

1989
Coautora com Edwin S. Weaver do manual *Chemistry: A Search to Understand*

8 de agosto de 1998
Morre em Holyoke, Massachusetts

ANNA J. HARRISON

Anna Jane Harrison foi uma química e educadora americana dedicada a melhorar o ensino de ciências e a aumentar o conhecimento público das questões científicas. Nascida numa família de fazendeiros de Benton City, Missouri, interessou-se por química já na escola primária, e no colegial o tema se tornou um fascínio. Formou-se pela University of Missouri-Columbia, com dois bacharelados (em química e pedagogia) e um doutorado em físico-química. Depois de lecionar cinco anos no Sophie Newcomb College da Tulane University em Nova Orleans, assumiu o cargo de professora de química no Mount Holyoke College, em Massachusetts, onde lecionou até se aposentar, em 1979. Continuou a ensinar mesmo após a aposentadoria, na Academia Naval dos EUA, em Annapolis, Maryland.

No Mount Holyoke College, Harrison teve a oportunidade de trabalhar com a renomada professora de química Emma Perry Carr, no estudo espectroscópico da estrutura molecular. Ela desenvolveu pesquisas usando uma técnica chamada de fotólise por flash, para estudar reações químicas monitorando a dissociação e associação de diferentes compostos moleculares. Também realizou pesquisas para a A. J. Griner Company, de Kansas City, em kits de campo voltados à detecção de fumaça tóxica para uso de soldados na Segunda Guerra Mundial.

Harrison talvez seja mais conhecida hoje por sua contribuição no ensino de ciências. Credita-se a ela ter ajudado a revolucionar a profissão de químico, que deixou de ser dominada por homens para ficar mais aberta à diversidade de gênero, raça e etnicidade. Mais de cem anos após sua fundação, a Sociedade Americana de Química elegeu-a sua primeira presidente mulher, em 1978. Harrison tinha talento natural para explicar com clareza conceitos complexos e torná-los acessíveis aos alunos. Em sua abordagem da educação, ajudava-os a tomar boas decisões de políticas públicas na área de ciências. Na década de 1970, tornou-se ativa defensora de uma melhor comunicação entre a ciência e o público, particularmente junto às autoridades. Fez parte de vários conselhos consultivos, como o Conselho Nacional de Ciência, e viajou a diferentes partes do mundo compartilhando sua experiência na educação do público em assuntos científicos.

Ali O. Sezer

MAPA BIOLÓGICO: ÁCIDOS NUCLEICOS

O DNA é uma longa molécula em cadeia, com unidades chamadas nucleotídeos. Cada nucleotídeo contém um grupo fosfato com carga negativa ligado a um anel de carboidrato, que se liga, por sua vez, a um grupo em forma de cunha contendo nitrogênio e chamado base. As bases têm quatro variedades, todas planas e apolares no topo e embaixo, mas com padrões específicos de átomos polares de nitrogênio, oxigênio e hidrogênio dos lados. Tais padrões permitem que as bases reconheçam bases "complementares", isto é, as que tenham o padrão certo de grupos polares para interagir e formar um par básico. Assim, quando grupos de açúcar-fosfato de ácidos desoxirribonucleicos se ligam em longas cadeias de polinucleotídeos, as bases ao longo da cadeia geram outra fita de polinucleotídeos com uma sequência de bases complementar à primeira. Certas sequências de bases no DNA codificam instruções para fazer proteínas. Elas, junto com sequências de bases próximas que dizem à maquinaria da célula quando fazer essas proteínas, compõem as unidades de hereditariedade chamadas genes. Mas os ácidos nucleicos não são usados apenas para armazenar e transmitir informação genética. A principal moeda energética da célula, a adenosina trifosfato (ATP), é um ribonucleotídeo no qual o fosfato foi substituído por uma cadeia de três grupos de fosfato ligados.

NÚCLEO
Ácidos nucleicos formam cadeias que alternam fosfatos e carboidratos, ligados a bases em forma de cunha contendo nitrogênio, cuja sequência codifica informação biológica.

LIGAÇÕES QUÍMICAS
O ácido desoxirribonucleico ou DNA é uma molécula que contém informação de vida. O DNA contém o código químico para a síntese de proteína e é transmitido dos pais para os filhos – por isso temos características similares às de nossos pais. Em 2003, cientistas mapearam o genoma humano inteiro, um código químico contendo cerca de 3 bilhões de unidades (pares de bases).

TEMAS RELACIONADOS

AS FORÇAS QUE MANTÊM A MATÉRIA COESA
p. 42

ÁCIDOS CARBOXÍLICOS E AMINAS
p. 112

CARBOIDRATOS
p. 124

DADOS BIOGRÁFICOS

OSWALD AVERY
1877-1955
Médico pesquisador nascido no Canadá que demonstrou que o DNA é material genético

JAMES WATSON e FRANCIS CRICK
1928- e 1916-2004
Biólogos moleculares americano e britânico que descobriram a estrutura em dupla hélice do DNA

Textos por Stephen Contakes

O DNA tem uma estrutura em dupla hélice, ao longo da qual as bases complementares se ligam.

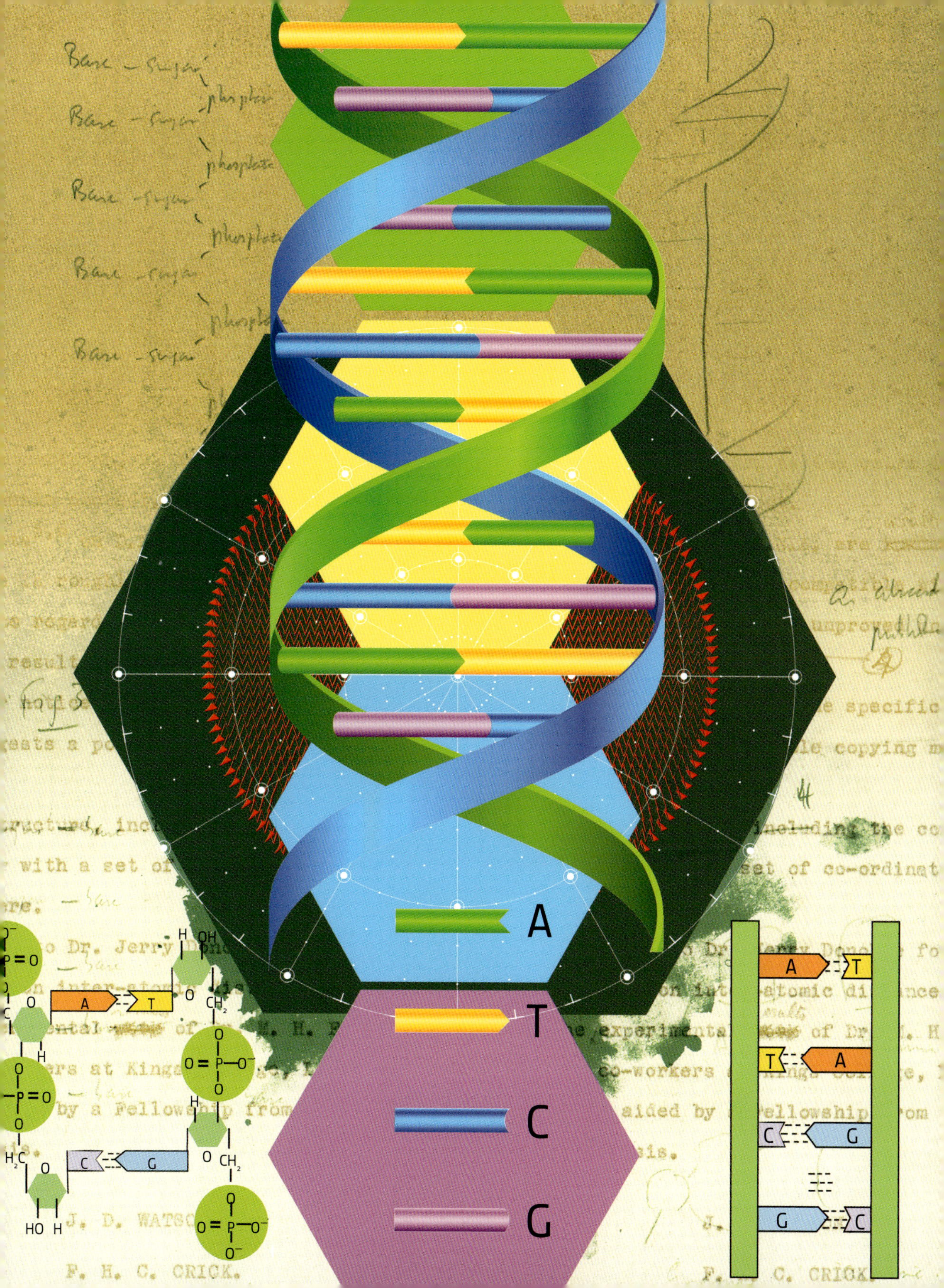
Base – sugar
phosphate
A
T
C
G
F. H. C. CRICK.

SÍNTESE DE MEDICAMENTOS BIOTECNOLÓGICOS

NÚCLEO
Proteínas humanas podem ser sintetizadas inserindo-se o gene humano para a proteína desejada em células de bactérias, plantas ou animais. Quando crescem e se dividem, essas células sintetizam as proteínas desejadas.

LIGAÇÕES QUÍMICAS
A engenharia genética – o processo de modificar o genoma de um organismo tendo em vista um propósito particular – é usada para produzir não só medicamentos que salvam vidas, mas também animais ou plantas com características desejáveis. Grãos de soja, tomates e arroz geneticamente modificados permitem colheitas com maior resiliência e valor nutricional mais alto. Apesar dos testes científicos rigorosos, a controvérsia em torno de alguns desses produtos resultou numa avaliação cada vez mais detalhada de sua segurança.

Antes de 1922, a diabetes era fatal. Então, um paciente de 14 anos de idade com diabetes, à beira da morte, recebeu insulina (uma proteína que regula o açúcar no sangue), obtida de fonte animal. Ele se recuperou e sobreviveu. A insulina (coletada principalmente do porco) tornou-se disponível para amplo uso, e a diabetes se tornou uma doença crônica manejável. No entanto, alguns pacientes não toleram bem a insulina do porco. Na década de 1980, uma companhia chamada Genentech concebeu um modo de sintetizar a insulina humana inserindo o gene dessa substância no DNA de células bacterianas. As bactérias, ao se reproduzirem, copiavam o gene da insulina humana e o transmitiam à descendência. Além disso, a bactéria geneticamente modificada sintetizava as proteínas que precisava para sobreviver e se reproduzir e também a insulina humana. A insulina era então coletada das culturas de bactérias, purificada e ministrada a diabéticos. Hoje os diabéticos tomam insulina humana, sintetizada desse modo. As instruções de DNA para produzir as proteínas desejadas podem também ser inseridas no DNA de plantas e animais. Por exemplo, em 2015, a FDA (agência federal do departamento de saúde americano) aprovou uma droga para o tratamento da rara doença de Wolman, causada pela deficiência da enzima chamada LAL. A droga é coletada de ovos de galinha geneticamente modificados para produzir LAL.

TEMAS RELACIONADOS
AMINOÁCIDOS E PROTEÍNAS
p. 128

MAPA BIOLÓGICO: ÁCIDOS NUCLEICOS
p. 132

DADOS BIOGRÁFICOS

FREDERICK BANTING
1891-1941
Médico canadense ganhador do Prêmio Nobel de Medicina de 1923 pela descoberta da insulina

FREDERICK SANGER
1918-2013
Bioquímico britânico ganhador do Prêmio Nobel de Química em 1958 por ter determinado a estrutura molecular da insulina

PAUL BERG
1926-
Bioquímico americano ganhador do Prêmio Nobel de Química em 1980 por seu trabalho sobre tecnologia de DNA recombinante

Textos por Nivaldo Tro

A insulina humana é sintetizada por meio de modificação genética de bactérias.

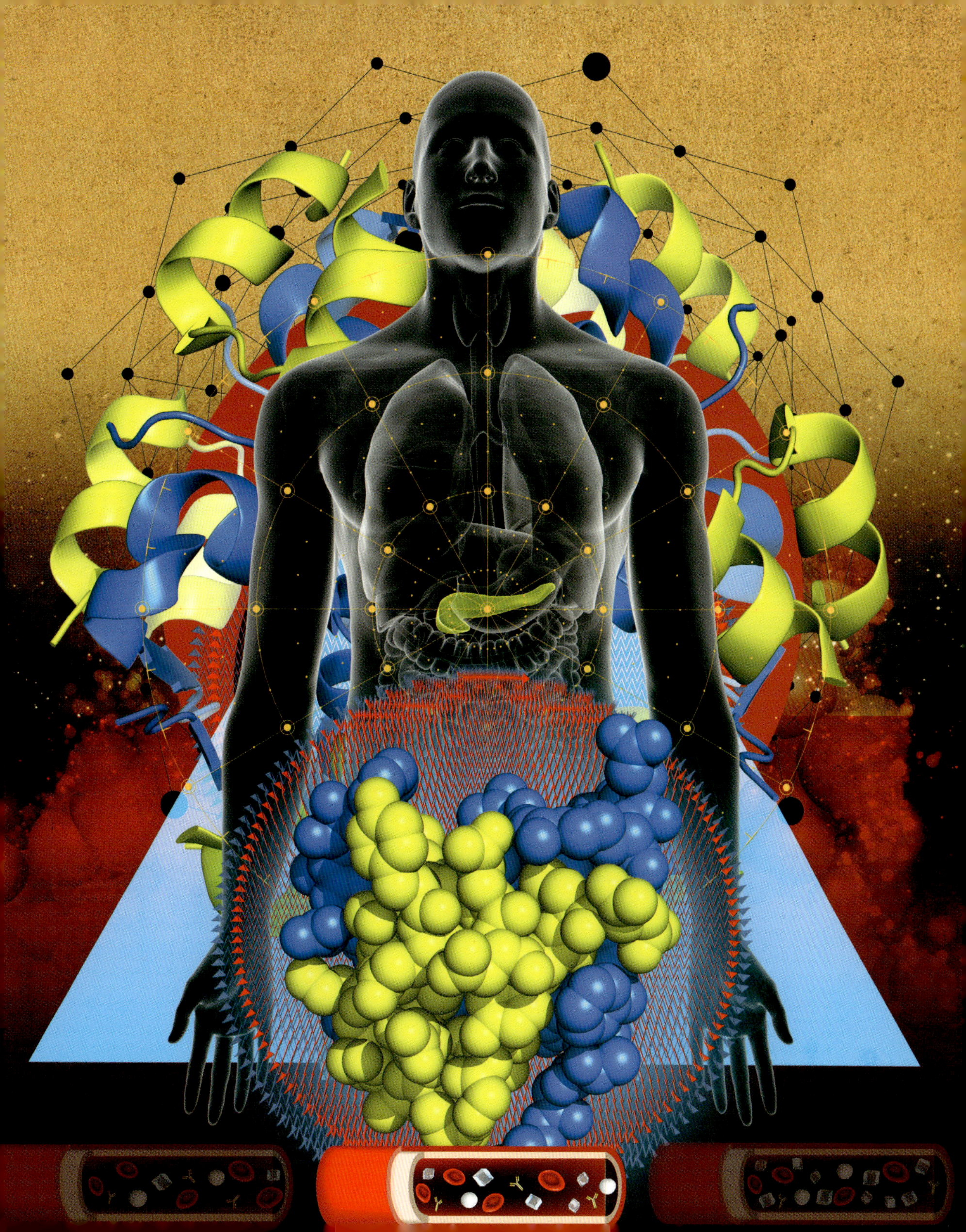

QUÍMICA NUCLEAR

QUÍMICA NUCLEAR
GLOSSÁRIO

datação por radiocarbono Método de determinação da idade de material previamente vivo pela medição de seu conteúdo de C-14.

elétron Partícula subatômica com carga negativa e massa de 0,00055 u.

equação $E=mc^2$ de Einstein Equação que relaciona massa e energia, o que significa que ambas são intercambiáveis.

fissão nuclear Reação nuclear na qual um grande núcleo divide-se em fragmentos e libera energia.

gene Uma fita de DNA que codifica uma única proteína.

isótopo Átomo que tem o mesmo número de prótons de outro átomo, mas um número de nêutrons diferente.

massa crítica Em uma fissão nuclear, é a massa mínima de material fissionável necessária para uma reação nuclear autossustentada.

metabolismo Processo por meio do qual organismos vivos convertem certos compostos na energia necessária para sobreviver e se reproduzir.

nêutron Partícula subatômica sem carga e com massa de 1 u.

partícula alfa Tipo de partícula emitida em um tipo de decaimento radiativo. Contém 2 prótons e 2 nêutrons, e seu símbolo é $^{4}_{2}He$.

partícula beta Tipo de partícula emitida em um tipo de decaimento radiativo. É um elétron, e seu símbolo é $^{0}_{-1}e$.

plutônio Elemento químico sintético com número atômico 94, usado em química nuclear, especialmente em energia nuclear e em bombas atômicas.

próton Partícula subatômica com carga positiva e massa de 1 u.

radiatividade Emissão de pequenas partículas energéticas dos núcleos de certos isótopos instáveis.

radiofármaco Tipo de fármaco radiativo usado no diagnóstico e tratamento de doenças.

raio gama Fóton de alta energia emitido em um tipo de decaimento radiativo e com frequência em conjunção com outros tipos. O símbolo do raio gama é $^{0}_{0}\gamma$.

raios X Forma de radiação eletromagnética com comprimento de onda um pouco maior que o dos raios gama e usada para obter imagens de ossos e órgãos.

reação química Processo no qual os átomos de uma ou mais substâncias (reagentes) se rearranjam para formar substâncias diferentes (produtos).

traçador Composto químico no qual um ou mais átomos são substituídos por um isótopo radiativo que permite a um cientista saber para onde vai o átomo em certo processo.

u Unidade de massa usada para partículas subatômicas. 1 u = 1,66 x 10^{-27} kg.

urânio Elemento químico radiativo com número atômico 92, usado em química nuclear, especialmente em energia nuclear e bombas atômicas.

RADIATIVIDADE

Como um poeta cientista escreveu, "Átomos... voam em pedaços com facilidade". Parece estranho, mas alguns átomos se desintegram espontaneamente e emitem raios e partículas capazes de penetrar vários materiais, até metais e nosso próprio corpo. Antoine Becquerel e Pierre e Marie Curie, trabalhando em Paris no fim do século XIX, foram os primeiros a identificar esse fenômeno em minerais de urânio. Madame Curie chamou-o de "radiatividade" (do latim *radius*, "raio") e logo descobriu dois elementos misteriosos, até então desconhecidos ("rádio" e "polônio"), que emitiam radiação mais intensa que o próprio urânio. De início, acreditava-se haver radiatividade de dois tipos, que Ernest Rutherford designou de modo bastante óbvio como alfa e beta (os raios gama foram descobertos mais tarde). Partículas alfa com carga positiva, identificadas depois como núcleos de hélio energizados, He^{2+}, tinham menor capacidade de penetrar substâncias. Partículas beta com carga negativa, logo identificadas como elétrons energizados, eram mais leves e podiam penetrar vários materiais. Os raios gama, os mais penetrantes, eram radiação eletromagnética de alta energia. Fato notável, sabe-se hoje que certos tipos de átomo têm "decaimento" espontâneo e emitem partículas carregadas e radiação muito intensa.

NÚCLEO
Alguns átomos "decaem" espontaneamente, produzindo partículas alfa e beta e raios gama capazes de penetrar vários materiais. É o que chamamos de radiatividade.

LIGAÇÕES QUÍMICAS
Elementos radiativos podem ser usados como "traçadores" para acompanhar o caminho de uma reação química ou monitorar concentrações de elementos nas áreas de pesquisa de meio ambiente, agricultura e medicina. Elementos radiativos são também usados para determinar a idade de vários objetos, incluindo sistemas que tiveram vida (carbono-14), os primeiros humanoides (potássio-40) e a Lua, a Terra e várias rochas e minerais (urânio e isótopos do tório).

TEMAS RELACIONADOS

A MATÉRIA É FEITA DE PARTÍCULAS
p. 14

A ESTRUTURA DO ÁTOMO
p. 16

A DIVISÃO DO ÁTOMO
p. 142

DADOS BIOGRÁFICOS
WILLIAM RAMSAY
1852-1916
Químico escocês que escreveu em 1902 o poema "O dobre fúnebre de um átomo", que contém a seguinte estrofe: "E os átomos, vemos hoje muito bem,/ Voam em pedaços com facilidade;/ Seguem e ao se fragmentar exibem/ Absoluta falta de estabilidade" [em tradução livre].

Textos por Glen E. Rodgers

Quando emitem radiação, os átomos mudam sua identidade.

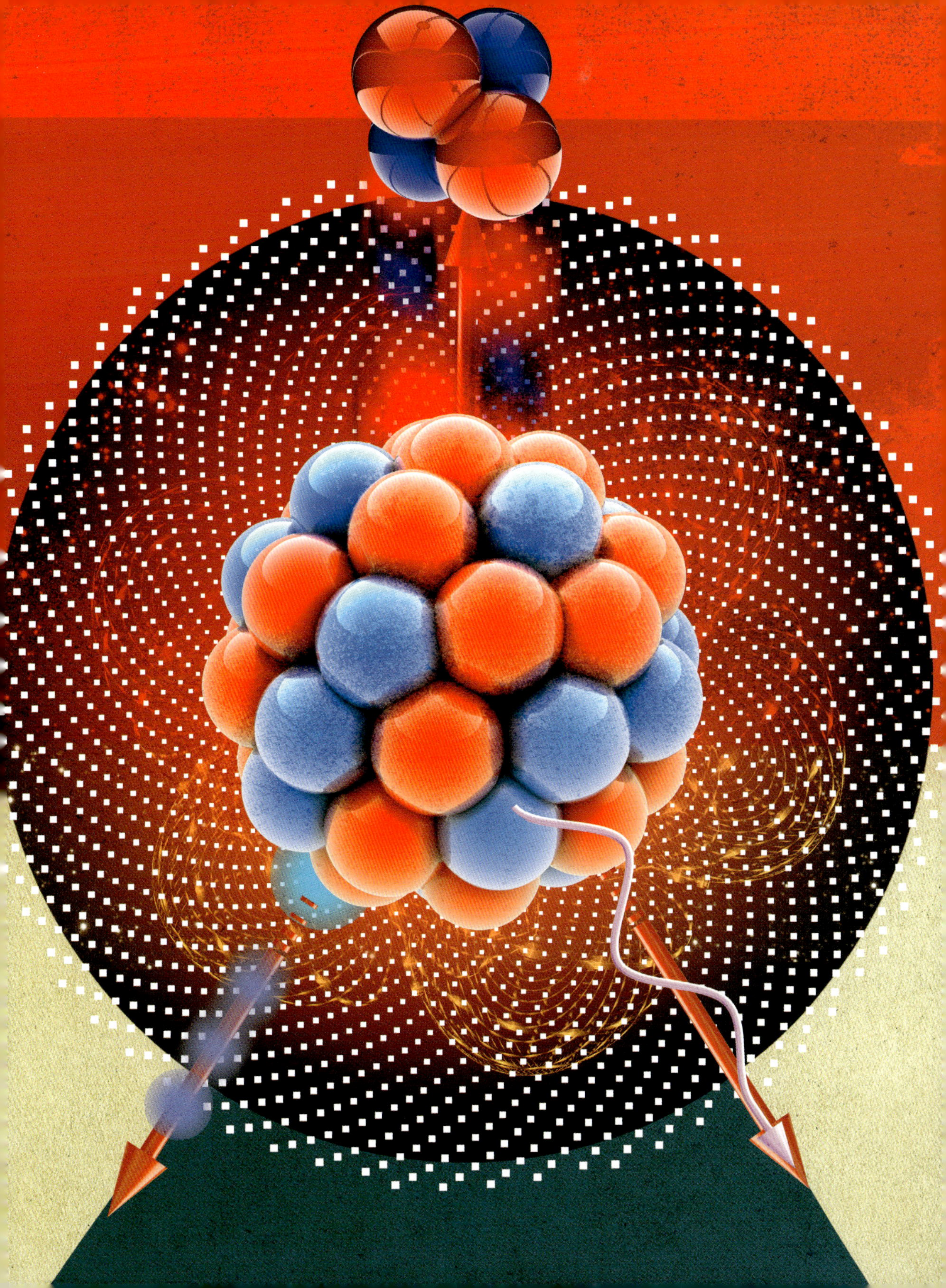

A DIVISÃO DO ÁTOMO

Em 1938, Otto Hahn disparou nêutrons em átomos de urânio e ficou perplexo ao ver que esses pareciam se dividir em metades. Havia descoberto a fissão nuclear, que faz um núcleo grande se dividir e formar dois núcleos menores e vários nêutrons mais. Se uma "massa crítica" de um isótopo suficientemente puro de urânio ou plutônio estiver presente, esses nêutrons adicionais podem seguir em frente e atingir outros núcleos fissionáveis e causar uma reação em cadeia, que, calculada pela equação de Einstein $E=mc^2$, libera tremendas quantidades de energia, muito maiores que as obtidas por reações químicas convencionais. Essa energia pode ser aproveitada para gerar eletricidade (energia nuclear) ou para criar explosões (bombas nucleares). A bomba à base de urânio lançada em Hiroshima, Japão, em 6 de agosto de 1945, foi apelidada de "Little Boy". Nessa estrutura "tipo arma", a massa crítica foi obtida disparando uma "bala" de urânio em um cilindro oco de urânio. A bomba à base de plutônio lançada em Nagasaki, Japão, em 9 de agosto de 1945, tinha o apelido de "Fat Man". Nesse artefato do tipo implosão, a massa crítica foi obtida usando um dispositivo de lentes que disparava pequenos fragmentos de plutônio em direção ao centro da bomba.

NÚCLEO
Disparar nêutrons em massas críticas de matérias fissionáveis divide os átomos e produz nêutrons adicionais; a reação em cadeia resulta na liberação de grande quantidade de energia.

LIGAÇÕES QUÍMICAS
Por que razão os núcleos atômicos, em particular os que contêm dezenas de prótons com carga positiva e, portanto, se repelem, não explodem simplesmente? Na realidade, alguns fazem isso. Núcleos grandes de certos tipos de átomos de urânio ou de plutônio agem como gotas instáveis de líquido precariamente unidas pela tensão de uma superfície nuclear que pode ser facilmente rompida.

TEMAS RELACIONADOS
A ESTRUTURA DO ÁTOMO
p. 16

DENTRO DO ÁTOMO
p. 18

OTTO HAHN
p. 148

DADOS BIOGRÁFICOS
MARIE CURIE
1867-1934
Química francesa nascida na Polônia que desenvolveu a teoria da radiatividade

OTTO HAHN
1879-1968
Alemão vencedor do Prêmio Nobel de Química de 1944, descobridor da fissão nuclear

Textos por Glen E. Rodgers

Na fissão nuclear, um nêutron leva um núcleo instável a se dividir, liberando grande quantidade de energia.

PERDA DE PESO NUCLEAR

Quando um átomo se divide,

seja numa usina nuclear ou na detonação de uma arma nuclear, há uma imensa liberação de energia. De onde ela vem? A resposta está na equação notavelmente simples de Einstein, que relaciona energia e matéria: $E=mc^2$, ou seja, energia é igual a massa, vezes a velocidade da luz ao quadrado. Essa equação afirma que energia e matéria são na realidade duas formas diferentes da mesma coisa. Em outras palavras, se energia está sendo liberada (criada), então a matéria deve desaparecer. É o que ocorre numa fissão nuclear. Um núcleo grande divide-se em dois menores, uma pequena quantidade da massa total é destruída – e muita energia é produzida. Isso significa que um ou dois prótons ou nêutrons evaporam? Não, o fascinante disso é que todos os prótons e nêutrons perdem um pouco de sua massa. Embora isso possa parecer notável, significa que prótons e nêutrons nem sempre têm a mesma massa. Um próton num núcleo de urânio pesa mais do que um próton num núcleo de ferro. Após a divisão, o número total de prótons e nêutrons é o mesmo; só que todos pesam um pouquinho menos. Mas não se trata de um programa de perda de peso recomendável para humanos.

NÚCLEO
Prótons e nêutrons perdem um pouco de sua massa quando há uma fissão nuclear. Essa massa é convertida em energia.

LIGAÇÕES QUÍMICAS
Se matéria e energia são duas faces de uma mesma moeda, então cabe imaginar prótons e nêutrons como esferas duras? Ou é melhor imaginá-los como pequenas bolas de energia? Como matéria e energia são intercambiáveis, talvez isso na realidade não faça diferença. O que constitui mais uma indicação de que o universo subatômico é um lugar muito estranho.

TEMAS RELACIONADOS
DENTRO DO ÁTOMO
p. 18

RADIATIVIDADE
p. 140

A DIVISÃO DO ÁTOMO
p. 142

DADOS BIOGRÁFICOS

LISE MEITNER
1878-1968
Física austríaca que realizou os primeiros cálculos de massa/energia sobre a fissão nuclear

ALBERT EINSTEIN
1879-1955
Físico nascido na Alemanha que propôs a equivalência matemática entre massa e energia

Textos por Jeff C. Bryan

Quando um átomo se divide por fissão nuclear, um pouco de sua massa se converte em energia.

O EFEITO DA RADIAÇÃO SOBRE A VIDA

NÚCLEO
A radiação pode quebrar ligações químicas de seres vivos, podendo levar à morte celular ou ao câncer.

LIGAÇÕES QUÍMICAS
O dano ao DNA por radiação costuma ocorrer de modo indireto. A substância mais comum em organismos vivos é a água, o que a torna o alvo mais provável para ter um de seus elétrons desalojados. Isso forma H_2O^+, que se divide em H^+ e HO·. HO·, muito reativo, é conhecido como hidroxila. Se ele se chocar com uma molécula de DNA, poderá romper uma de suas ligações químicas.

Os tipos de radiação discutidos neste capítulo são bastante incomuns, pelo poder que têm de desalojar elétrons de átomos e moléculas. Quando a radiação atravessa a matéria, transfere algo de sua energia às moléculas pelas quais passa, mais ou menos como uma bala disparada numa pilha de cascalho fino. Como os elétrons ligam os átomos em moléculas, essa violência subatômica pode provocar a quebra de ligações químicas. Se ocorrer suficiente dano por radiação numa única célula, um grande número de moléculas vai se partir e a célula poderá morrer. Se não ficar tão danificada, poderá reparar a si mesma. Mas se o seu DNA sofrer dano, a célula poderá se alterar (ou sofrer mutação) de maneira a crescer de modo anormal (pois o DNA comanda o crescimento da célula). Essas mutações e o crescimento anormal de células podem causar câncer. Isso soa mal, especialmente porque os humanos, como todos os seres vivos e o planeta, são naturalmente radiativos. Felizmente, evoluímos com mecanismos de reparação de células muito eficientes. Ao que parece, abaixo de certo limiar, a radiação não produz efeitos danosos à saúde. Alguns colocam esse limiar em 100 mSv (milisieverts, uma unidade de dose). Como referência, a dose anual global média para radiação natural e antropogênica é de 2,8 mSv.

TEMAS RELACIONADOS
LIGAÇÕES ENTRE OS ÁTOMOS
p. 28

MAPA BIOLÓGICO: ÁCIDOS NUCLEICOS
p. 132

DADOS BIOGRÁFICOS
HERMANN J. MÜLLER
1890-1967
Geneticista americano ganhador do Prêmio Nobel de Medicina de 1946 e primeiro a observar mudanças nos genes após exposição a raios X

L. HAROLD GRAY
1905-1965
Físico e radiobiólogo inglês, pioneiro nos estudos sobre os efeitos da radiação em seres vivos

Textos por Jeff C. Bryan

O DNA pode sofrer danos por radiação ionizante.

8 de março de 1879
Nasce em Frankfurt, Alemanha

1901
Obtém o doutorado em química orgânica na Universidade de Marburg

1904-05
Trabalha com William Ramsay na University College, em Londres

1905-06
Trabalha com Ernest Rutherford na Universidade McGill, em Montreal, Canadá

1907
Qualifica-se como palestrante na Universidade de Berlim

1914-18
Serve no exército alemão como especialista em guerra química

1918
Descobre com Lise Meitner o protactínio e o isomerismo nuclear

1928
Nomeado diretor do Instituto Kaiser Wilhelm

1938
Observa a fissão nuclear com Fritz Strassmann

1944
Ganha o Nobel de Química pela descoberta da fissão

1966
Divide o Prêmio Enrico Fermi com Lise Meitner e Fritz Strassmann pela descoberta da fissão

28 de julho de 1968
Morre em Göttingen, Alemanha Ocidental

OTTO HAHN

Quando criança, Otto Hahn sofreu muito com doenças, mas sobreviveu tanto à difteria quanto a uma pneumonia severa. Não se considerava um bom aluno, mas tanto sua saúde quanto suas notas melhoraram muito na adolescência. Mais ou menos nessa época, ele e um amigo começaram a fazer experiências com reações químicas simples, a partir do que conseguiam encontrar em casa. Esse interesse cresceu quando ele fez um curso noturno sobre química dos corantes. Seguiu adiante e foi estudar química nas universidades de Marburg e Munique.

Depois de se formar e servir um ano no exército, voltou a Marburg como monitor de palestras. Tinha vontade de trabalhar na indústria química da Alemanha e soube de um cargo que envolvia viagens ao exterior. O seu potencial empregador quis que ele passasse um tempo na Inglaterra antes de ser admitido, então o orientador de Hahn arrumou-lhe um estágio com William Ramsay em Londres.

Ramsay deu a Hahn um par de enigmas de radiatividade para ele pesquisar, e embora isso estivesse fora de sua especialidade (química orgânica), Hahn resolveu ambos com maestria. Ramsay ficou tão impressionado que o convenceu a seguir carreira acadêmica em ciência nuclear. Hahn se interessou, mas sentiu que precisava dominar melhor essa nova área. Depois de um ano em Londres, foi trabalhar um ano em Montreal com Ernest Rutherford.

Ramsay então ajudou Hahn a arrumar um cargo na Universidade de Berlim; logo depois de Hahn, chegou ali a física austríaca Lise Meitner. Hahn e Meitner trabalharam juntos por mais de trinta anos e foram imensamente produtivos na identificação de muitos dos produtos do decaimento do urânio e do tório, incluindo o elemento protactínio. Meitner teve que sair da Alemanha em 1938; logo depois, Hahn, trabalhando com Fritz Strassmann, observou a fissão nuclear. Não compreendiam o que estavam vendo, então escreveram a Meitner a respeito. Meitner e seu sobrinho Otto Frisch concluíram se tratar de fissão nuclear. Hahn e Strassmann publicaram suas observações em janeiro de 1939, e Meitner e Frisch, a sua interpretação um mês depois.

A descoberta abalou a comunidade científica e acabou levando ao Projeto Manhattan (a pesquisa nos EUA que produziu as primeiras armas nucleares), assim como às usinas nucleares. Na Segunda Guerra Mundial, Hahn continuou seu trabalho identificando os diversos produtos da fissão. Após a guerra, interrompeu sua pesquisa e foi presidir a Sociedade Max Planck, até 1960.

Jeff C. Bryan

MEDICINA NUCLEAR

A medicina nuclear envolve a injeção de material radiativo (um radiofármaco) num paciente, a fim de diagnosticar ou tratar uma doença. A ^{18}F-fludesoxiglicose (FDG), uma molécula de açúcar radiativa, é um exemplo. No corpo, os açúcares tendem a ir para os locais de metabolismo. Também se acumulam em tumores cancerosos, pois o câncer adora açúcar. Assim que o radiofármaco se instala, empregam-se detectores de radiação posicionados junto ao paciente para gerar imagens tridimensionais dos órgãos onde o radiofármaco se acumulou. Os dados colhidos por um escâner de medicina nuclear em geral nos dizem mais a respeito do funcionamento do órgão (fisiologia) do que de seu aspecto (anatomia). Mudando a natureza química (dimensão, forma, carga) do radiofármaco, obtemos imagens de qualquer órgão do corpo para saber se funciona bem ou não. Os escâneres de medicina nuclear tornam os pacientes mais radiativos. Mas já somos naturalmente radiativos; portanto, a medicina nuclear simplesmente aumenta isso e faz com que se concentre numa parte do corpo. A dose de radiação deve ser baixa, para não gerar efeitos adversos, e os benefícios de diagnosticar e tratar a doença que você já tem compensam os pequenos riscos da radiação.

NÚCLEO

A medicina nuclear emprega radiofármacos para examinar a fisiologia e tratar doenças.

LIGAÇÕES QUÍMICAS

Conforme ganhamos uma compreensão melhor da fisiologia humana, os radiofármacos tornam-se tão sofisticados que podem gerar imagens e ter efeito terapêutico em nível celular e molecular. Imagine ser capaz de matar o câncer quando ele é tão pequeno que não pode ser localizado por meios convencionais. Logo poderemos detectar e tratar cânceres antes que seus sintomas exteriores se tornem aparentes.

TEMAS RELACIONADOS

A QUÍMICA COPIA A NATUREZA
p. 116

RADIATIVIDADE
p. 140

DADOS BIOGRÁFICOS

GEORGE DE HEVESY
1885-1966
Nascido na Hungria, ganhou o Prêmio Nobel de Química de 1943 e descobriu que isótopos radiativos podem ser usados para estudar processos químicos complexos como o metabolismo

HAL ANGER
1920-2005
Engenheiro elétrico e biofísico americano que inventou as câmaras ainda hoje usadas amplamente na medicina nuclear

Textos por Jeff C. Bryan

Substâncias radiativas podem ser usadas para gerar imagens de órgãos internos.

APÊNDICES

FONTES DE INFORMAÇÃO

LIVROS

Cathedrals of Science: The Personalities and Rivalries that Made Modern Chemistry
Patrick Coffey
(Oxford University Press, 2008)

Chemistry: A Molecular Approach
Nivaldo J. Tro
(Pearson, 4ª ed., 2017)

Chemistry in Focus: A Molecular View of our World
Nivaldo J. Tro
(Cengage, 6ª ed., 2016)

Chemistry: Structure and Properties
Nivaldo J. Tro
(Pearson, 2ª ed., 2018)

The Disappearing Spoon: And Other True Tales of Madness, Love, and the History of the World from the Periodic Table of the Elements
Sam Kean
(Little, Brown and Co, 2010)

The Elements: A Visual Exploration of Every Known Atom in the Universe
Theodore Gray
(Black Dog and Leventhal, 2009)

Físico-química
Peter Atkins, Julio de Paula
(LTC, 9ª ed., 2012)

Inorganic Chemistry
Gary Miessler, Paul Fischer, Donald Tarr
(Pearson, 5ª ed., 2013)

Matters
Mark Miodownik
(Penguin, 2013)

Napoleon's Buttons: 17 Molecules that Changed History
Penny Le Couteur, Jay Burreson
(Penguin, 2003)

Organic Chemistry
Paula Yurkanis Bruice
(Pearson, 8ª ed., 2016)

The Periodic Table: Its Story and Its Significance
Eric Scerri
(Oxford University Press, 2007)

Princípios de química – Questionando a vida moderna e o meio ambiente
Peter Atkins, Loretta Jones
(Bookman, 2012)

Química na abordagem do cotidiano
Eduardo Leite do Canto, Tito Miragaia Peruzzo
(Saraiva Didáticos, 2015)

Química para leigos
John Moore
(Elsevier/Alta Books, 2017)

Tio Tungstênio: Memórias de uma infância química
Oliver Sacks
(Companhia das Letras, 2002)

SITES

https://brasilescola.uol.com.br/quimica/conceitos-basicos-quimica.htm

Mark Winter, *WebElements*™, https://www.webelements.com/

Nobelprize.org, *All Nobel Prizes in Chemistry*, https://www.nobelprize.org/nobel_prizes/chemistry/laureates/

SOBRE OS COLABORADORES

EDITOR

Nivaldo Tro é professor de química no Westmont College, em Santa Barbara, Califórnia, EUA. Formou-se bacharel em química pelo Westmont College e fez pós-graduação em química pela Universidade Stanford. Depois foi para a Universidade da Califórnia em Berkeley, onde fez pesquisa de pós-doutorado sobre reações dinâmicas ultrarrápidas em soluções. É autor de mais de vinte artigos científicos e vem recebendo subvenções da American Chemical Society, do Petroleum Research Fund, da Research Corporation e da National Science Foundation para estudar a dinâmica de vários processos que ocorrem em filmes finos adsorvidos sobre superfícies dielétricas. Foi homenageado por três vezes como o professor mais destacado do ano em Westmont e também recebeu da faculdade o importante prêmio de Pesquisador do Ano. O professor Tro é mais conhecido por seus livros didáticos, adotados por mais de 600 faculdades e universidades ao redor do mundo. Cerca de um terço de todos os alunos de faculdade de química usam hoje em dia um livro do professor Tro.

COLABORADORES

Jeff C. Bryan bacharelou-se em química pela Universidade da Califórnia em Berkeley e fez pós-graduação em química na Universidade de Washington. É professor da faculdade de química da Universidade de Wisconsin-La Crosse, onde ministra cursos de química nuclear e geral, e seu foco acadêmico é tornar a ciência nuclear mais acessível a alunos com conhecimentos limitados de ciência e matemática. Escreveu um livro didático, *Introduction to Nuclear Science*, e é coautor de um manual de laboratório, *Experiments in Nuclear Science*.

Stephen Contakes é Professor Associado de Química no Westmont College, em Santa Barbara, Califórnia, onde ministra cursos de química inorgânica, analítica e físico-química. Com sua experiência em química sintética organometálica e bioinorgânica, tem como interesse em pesquisa a preparação de montagens de ligações de hidrogênio redox-ativas e catalisadores de nanopartículas fotoativas para uso em tratamento de poluentes.

Dr. Glen E. Rodgers é professor emérito de química no Allegheny College, em Meadville, Pensilvânia. Educado na Universidade Tufts e na Universidade Cornell, lecionou cinco anos no Muskingum College em Ohio e 30 anos no

Allegheny. Ensina química introdutória em vários níveis, além de química inorgânica, e ministra numerosos cursos interdisciplinares com colegas em outras faculdades. É autor da terceira edição (2012) do popular livro de nível colegial *Descriptive Inorganic, Coordination, and Solid-State Chemistry* (Cengage Learning, International Edition 2011). Junto com a esposa, tem feito viagens educacionais de ensino de ciências ao redor do mundo, levando alunos a locais-chave na história da ciência.

Ali O. Sezer é professor de físico-química na Universidade da Califórnia na Pensilvânia. Formado pela Universidade Técnica Yildiz em Istambul, Turquia, doutorou-se nos EUA em química e engenharia de materiais. Sua pesquisa tem foco na área de polímeros condutores, em particular nanocompostos desses polímeros com óxidos metálicos de transição, para aplicações em eletrônica, óptica, medicina, biossensores e proteção contra a corrosão. Acredita num ensino "prático" dos formandos, envolvendo os alunos em atividades de pesquisa avançada.

James M. Tour é professor de química, ciência da computação e ciência dos materiais e de nanoengenharia na Universidade Rice, no Texas. Realiza pesquisa científica em nanoeletrônica, eletrônica de grafenos, pesquisa de carbono verde para recuperação avançada de petróleo e extração sustentável de petróleo e gás, supercapacitores de carbono e síntese de nanomáquinas de molécula única, o que inclui motores moleculares e nanocarros. Também desenvolveu estratégias para retardar ataques terroristas químicos. Para a educação secundária, Tour desenvolveu o conceito de *NanoKids,* para ensinar ciência em nanoescala a alunos do secundário. Publicou mais de 600 trabalhos de pesquisa e detém mais de 120 patentes.

Dr. John B. Vincent é bacharel em química e matemática pela Universidade Murray State e fez pós-graduação em química na Universidade de Indiana. Ganhou bolsa NIH de pós-doutorado da Universidade da Virgínia e depois foi docente na Universidade do Alabama, onde atualmente é professor de química. Sua área de pesquisa é a química bioinorgânica, com foco na bioquímica nutricional do crômio (III). O dr. Vincent é autor e coautor de mais de 130 publicações especializadas, mais de quinze capítulos de livros, oito livros e detentor de nove patentes. Atualmente é coeditor-chefe da *Biological Trace Element Research.*

ÍNDICE

A
ácido carboxílico 102, 112, 122
ácido clorídrico 64
ácidos 64, 102, 112, 122, 128, 132
ácidos nucleicos 132
açúcares 28, 104, 124, 150
  adoçantes artificiais 108
  glicose 124
  sacarose 124
água (também gelo) 14, 28, 32, 36, 42, 4, 78, 80, 90, 98, 108, 124, 126, 128, 146
alcaloides 112
álcool 36, 108, 110
aldeído 102, 110
alótropos 84, 96
alumínio 86, 114, 115
aminas 102, 112
aminoácidos 128
antiácidos 64
antibióticos 116
antimônio 86
apolar 36, 41, 122, 126, 128, 132
arsênio 86
átomos 6, 7, 9, 12, 13, 14, 16, 18, 20, 22, 24, 28, 31, 32, 34, 36, 40, 42, 44, 51, 52, 60, 66, 78, 84, 86, 88, 90, 98, 102, 108, 118, 138, 142, 146

B
bário 72, 73
bases 64, 102, 112, 132
baterias 68, 72, 76
Big Bang 20
bomba nuclear 142, 144, 149
boro 86
borracha 118
Boyle, Robert 44, 50–51, 60
  Lei de Boyle 44, 50
  O químico cético (1661) 50, 51

C
cálcio 72, 73, 90
  cloreto de cálcio 54
calor 80
câncer 8, 9, 116, 146, 150
carboidratos 124, 132
carbono 20, 86, 96, 102, 106, 108, 110, 112, 118, 124
  fulerenos 84, 96
  grafenos 84
carga negativa 12, 16, 28, 36, 40, 42, 85, 132, 138, 140
carga positiva 13, 16, 28, 36, 40, 42, 138, 140, 142
carros 60, 68, 70, 74
  nanocarros 98
carvão 62, 106
  lâmpada de segurança para mineiros de carvão 72, 73
catalisador 58, 70, 84, 92, 96
  ciclo catalítico 92
celulose 124
cérebro 8, 88
césio 12
cetonas 103, 110
CFCs 84, 94, 95
chumbo 68, 86
Clausius, Rudolf 74, 76
cloreto 66, 90
cloreto de sódio 28, 54
cloro 28, 86, 90, 95
cobalto 92
codeína 112
colágeno 128
combustíveis fósseis 62, 98, 106
  carvão 62, 106
  gasolina 106
  parafina 106
composto molecular 12
compostos 7, 9, 28
cor 30, 31, 84, 85, 88
  cores complementares 84
  disco de cores 84
crescimento celular 146
criptônio 13
cristal 40, 52, 78
cromo 92
cromossomo 40, 41
Curie, Marie 140, 142
Curie, Pierre 140

D
Dalton, John 14, 30–1
Davy, Humphry 72–3, 92
diabetes 134
diamante 42, 96
dióxido de carbono 60, 62, 86
dissacarídeos 124
DNA 8, 122, 132, 146

E
Einstein, Albert 138, 142, 144
  $E=mc^2$ 138, 142, 144
elementos 7, 12, 18, 20, 26, 31, 36, 51, 86, 96, 140
eletricidade 68, 84, 98
eletrólise 73
eletrólito 58
eletromagnetismo 44
elétron 12, 16, 18, 22, 24, 28, 32, 34, 36, 42, 68, 85, 88, 90, 92, 138, 146
eletrônica 96
elétrons de valência 13, 32, 85, 86
  ligação de valência 34
energia 74, 76, 92, 96, 106, 124, 126
energia cinética 44, 58, 74
energia potencial 58, 62, 74, 106
engenharia genética 134
entropia 58, 76, 78, 80
enxofre 51, 86, 90, 103
enzima 58, 134
escala kelvin 74, 78
estanho 86
éster 102, 110, 122
estrelas 20, 96
estrutura cristalina 40, 48

F
Faraday, Michael 68, 72, 73
ferro 20, 80, 90, 92, 144
  óxido de ferro 80
fissão nuclear 138, 142, 144, 148, 149
flúor 86
força de dispersão 40, 42
força dipolo 40, 42
fotossíntese 90
fusão nuclear 13, 20

G
gás estufa 62
  CFCs 84, 94, 95
gases 8, 9, 31, 36, 41, 42, 44, 70, 102, 106
gases nobres 13, 26
genes 132
genoma, instabilidade genômica 40, 122, 132, 134
germânio 86
Gmelin, Leopold 110, 115
grafeno 8, 84, 96
grafite 96

H
Hahn, Otto 142, 148–149
Harrison, Anna J. 130–131
Heisenberg, Werner 22
  Princípio da Incerteza de Heisenberg 12, 22
hélio 13, 18, 20, 86, 140
hemoglobina 128
hidrocarboneto 62, 106, 126
hidrogênio 20, 28, 32, 36, 64, 86, 98, 103, 106, 132
hidróxido 64
Hooke, Robert 50, 51

I
ímã 34, 36, 42
insulina 128, 134
íons 6, 12, 28, 42, 64, 66, 84, 85, 90
íons Zintl 85
isomerismo 103, 115
isótopo 12, 18, 138, 142

L
Lavoisier, Antoine 60, 62, 72
Lewis, Gilbert N. 32
  Modelo de Lewis 32, 34
ligações 7, 9, 12, 13, 14, 24, 28, 32, 34, 36, 40, 41, 42, 52, 84, 85, 86, 90, 92, 102, 103, 106, 108, 110, 112, 118, 128, 146
  ligações covalentes 12, 28, 40, 42, 52, 102, 106
  ligação de valência 34, 85

ligações iônicas 12, 28, 40, 42, 52
ligação polar 36, 41, 108, 124
teoria do campo cristalino 84
ligante 84, 88, 92
líquidos 9, 36, 42, 44, 46
lítio 12
luz 84, 88, 92
luz do sol 90, 98

M
magnésio 68, 72, 73
massa do átomo 12, 18, 31
mecânica quântica 13, 22, 24, 34
Meitner, Lise 144, 148, 149
metais 13, 26, 90
metais alcalinos 12, 26
metais de transição 58, 70, 84, 88, 90, 92
miosina 128
modelo nuclear 13, 16
modelo particulado da matéria 6,7
moléculas 6, 7, 8, 9, 28, 31, 34, 36, 42, 44, 46, 51, 62, 66, 70, 78, 80, 84, 85, 90, 92, 98, 102, 118, 131, 132, 146
Molina, Mario 94–95
monossacarídeos 122, 124
monóxido de carbono 90
morfina 112

N
neônio 13
neutralização 64
nêutrons 12, 13, 16, 18, 138, 142, 144
nicotina 112
nitrogênio 70, 86, 102, 103, 112, 132
óxido nitroso 72
núcleos 13, 16, 18, 22, 24, 140, 142, 144
nucleossíntese 13, 20
número atômico 12, 18, 26
número de massa 12, 18
nuvem de elétrons 13

O
ouro 16
oxidação 68, 84
óxidos 58, 62, 64, 70, 73, 80
oxigênio 20, 28, 32, 34, 36, 60, 62, 70, 80, 86, 90, 92, 98, 103, 110, 128, 132

P
partícula 7, 9, 12, 13, 14, 16, 18, 20, 22, 31, 42, 44, 54
Pauling, Linus 28, 34, 36, 48, 66
penicilina 116
pesos atômicos 31
plásticos 48, 92, 95, 110
platina 92
plutônio 142
polar
ligação 36, 41, 108, 124
molécula 36, 40, 41, 123, 128, 132
soluto 41, 54
polímeros 102, 106, 118, 122, 126, 128
polônio 140
poluição 70
porcelana 52
potássio 12, 72, 73
prata 66
precipitação 66
Prêmio Nobel
de Química
1901 van't Hoff, Jacobus Henricus 70
1902 Emil Hermann Fischer 124
1913 Alfred Werner 88
1920 Walther Hermann Nernst 78
1943 George de Hevesy 150
1944 Otto Hahn 142, 148
1953 Hermann Staudinger 118
1954 Linus Pauling 48, 66
1958 Frederick Sanger 134
1980 Paul Berg 134
1983 Henry Taube 70
1995 Mario J. Molina 94, 95
1996 Harry Kroto, Richard Smalley 96, 98
2000 Hideki Shirakawa 118
de Medicina
1923 Frederick Banting 134
1946 Hermann J. Muller 146
da Paz
1962 Linus Pauling 66
de Física
1915 Bragg, William Lawrence 48
1926 Jean Perrin 14
1965 Richard Feynman 98
pressão osmótica 41
princípio "semelhante dissolve semelhante" 41, 54
probabilidade 22, 24
progesterona 110
Projeto Manhattan 149
proteínas 90, 122, 128, 132, 134
próton 12, 13, 16, 18, 138, 142, 144

R
radiatividade 13, 140
rádio 140
radônio 13
raios-X 96, 146
Ramsay, William 140, 148, 149
reações químicas 9, 31, 92, 138
reações redox 68
redução 68
Royal Society 30, 50, 114
rubídio 12
Rutherford, Ernest 16, 140, 148 149

S
sal 28, 42, 48, 54, 104
sangue 8, 108, 110, 124, 128, 134
Schrödinger, Erwin 13, 22, 24
Experimento do Gato de Schrödinger 13, 22
selênio 86
silício 52, 86
sódio 12, 18, 28, 72, 73
Sol 22, 24, 95
sólidos 9, 26, 40, 42, 44, 48, 66
solução 54, 66
Strassmann, Fritz 148, 149
supernova 20

T
tabela periódica 18, 19, 26, 27, 86, 87
telúrio 86
teoria atômica 12, 14, 30, 31
teoria cinética molecular 44
teoria orbital 34
teria do campo cristalino 84
termodinâmica
primeira lei 74
segunda lei 76, 80
terceira lei 78
Terra 26, 62, 86, 90, 95, 104, 140
testosterona 110
tório 140

U
urânio 20, 140, 142, 144
ureia 104, 114, 115

V
vácuo 51
van der Waals, Johannes Diderik 36, 42
velocidade 13, 22
Volta, Alessandro 726, 48, 52, 54, 60, 62, 64, 66

W
Wöhler, Frederich 104, 114–115

X
xenônio 13

Z
zinco 68

AGRADECIMENTOS

CRÉDITOS DAS IMAGENS

A Ivy Press gostaria de agradecer às seguintes pessoas e instituições por terem gentilmente autorizado a reprodução das imagens deste livro:

Angelo Frei CC BY-SA 3.0 34.

Benjah-bmm 27 37, 67, 91, 93.

Bibliotheque Nationale de France 14.

Episodesn CC-BY-SA-3.0 91.

Eschenmoser 35.

Getty Images/ Bettman 130; De Agostini Picture Library 148; Keystone-France 33; ullstein bild 94.

Library of Congress 17.

NASA, ESA, CXC e a Universidade de Potsdam, JPL-Caltech e STScI 21.

NASA, ESA, e a Hubble Heritage Team (STScI/AURA) - ESA/ Hubble Collaboration 21.

NASA/HST/CXC/ASU/J. Hester et al. 21.

NASA e a Hubble Heritage Team (AURA/STScI) 21.

Pwnsey CC-BY-SA-3.0 91.

Shutterstock/ Africa Studio 65; Albert Russ 71; Aleksandr Bryliaev 61; Alexander Y 49; Alexey Borodin 105; AlexLMX 81; alexmak7 75; AlexRoz 35; Anastasios71 69; Anatomy Insider 151; Andrea Danti 143; Anna Kucherova 113; Antonov Roman 107; artjazz 105; Artolik 141; Arts Vector 23; Balefire 45; Bashutskyy 55; Belen Bilgic Schneider 69; Belozorova Elena 55; Bojanovic 147; Boris15 47, 125; Brenik 79, 91; Captain Yeo 75; chromatos 111, 119; chuckchee 25; chuyuss 107; CK Foto 35; cobalt88 71; Constantin-Ciprian 147; Creations 147; Crystal Eye Studio 77; Daimond Shutter 91; Dale Berman 119; dandesign86 119; Danny Smythe 65; Decade3d – anatomy online 65; Designua 17, 135; Digital Storm 111; Dim Dimich 105; Dionisvera 111; Djsash 65; dkidpix 35; Dmitry Guzhanin 63; Double Brain 29; Eivaisla 65; Elenarts 117; ESB Professional 49; Evannovostro 97; Everett Historical 143, 145; fizkes 47; Foonia 67; Four Oaks 63; general-fmv 19, 141, 143; Georgios Kollidas 30, 50; Gergely Szolnai 67; Graeme Dawes 69; Graphic Compressor 65; graphixmania 93; gresei 113; gumbao 49; Harper 3D 97; HelenField 87; hideto999 29; horvathta 107; Hubis 143; Iaroslav Neliubov 71; Igor Petrushenko 53, 109; Igosiy 61; Ilya Akinshin 65; Iraidka 49; IreneuszB 117; J Helgason 107; Jag_cz 45, 63, 105; Jitka Volfova 127; jules2000 107; Kateryna Kon 127; Koya979 65, 141; KRAHOVNET 109, 111; KreativKolors 77; Ksander 111; ktsdesign 89; Kutlayev Dmitry 71; Login 67; lonlywolf 67; Magcom 15, 37; Makhnach_S 107; Makitalo 29; Maks Narodenko 29; Malbert 69; Mar.K 77; MaraZe 111; Mark_KA 61; martan 105; Marynchenko Oleksandr 105, 107; Masekesam 107; Mathisa 125; maximmmum 15, 29; mayakova 111; Merydolla 67; Michal Ludwiczak 71; Michal Zduniak 143; Michelangelus 53; Mircea Maties 29, 37; molekuul_be 43, 45, 49, 53, 79, 81, 87, 89, 91, 99, 105, 109, 113, 119, 125, 127, 129, 135; momente 69; Monet_3k 151; Morphart Creation 75, 125; Neda 37; Nerthuz 107; Nicku 114; nikkytok 35, 109; Nuttapong 69; ogwen 97; Ola-ola 89; Oleg1969 47; Olegusk 105; Olha Chernova 6; oorka 25, 33; ostill 45; Patrizia Tilly 47; Pe3K 97; petarg 135; Peter Hermes Furian 145; Peter Sobolev 119; phoelixDE 79; photoiconix 107; Photoraidz 97; pozitivo 107; r.classen 63; Raevsky Lad 99; Raimundo79 71, 117; ramcreations 47; Robert Hoetink 55; romeovip_md 63; Ron Dale 25; Rost9 8; Ruslan Grumble 53; Ruth Black 109; Sabelskaya 47; schankz 75; Sebastian Kaulitzki 135; Serg Zastavkin 55; Shawn Hempel 47, 109; Shutova Elena 111; SMSka 23; snapgalleria 133; Stephen Clarke 151; Stockphoto-graf 43; Suhecki Stanislav 147; Sunflowerr 23; tavi 63; Thailand Photos for Sale 141; Thomas Klee 113; Thorsten Schmitt 53; Tobias Arhelger 147; Tomertu 145; Tossapol 125; Tumana 27; urfin 67; Valex 99; Vasilyev 45, 55, 89; View Apart 6; Vikpit 93; Viktor88 15; VladFree 141; vovan 61; vvoe 69; wacomka 35, 99; warat42 35; Warut Chinsai 113; Willyam Bradberry 55; XONOVETS 43; yaruna 17, 43; YorkBerlin 75; zcw 53; Zilu8 45; Zvitaily 133.

Wellcome Library, Londres 27, 75, 117, 133.

Embora todos os esforços tenham sido feitos para atribuir os créditos das imagens, pedimos desculpas caso tenha ocorrido alguma omissão involuntária.